用户研究方法

刘华孝 ◎ 著

卓越产品和服务的
用户研究技巧

USER
RESEARCH
METHODS

Techniques for
Outstanding Products
and Services

U0162476

机械工业出版社
CHINA MACHINE PRESS

图书在版编目（CIP）数据

用户研究方法：卓越产品和服务的用户研究技巧 / 刘华孝著 . —北京：
机械工业出版社，2024.5

ISBN 978-7-111-75372-8

I. ①用… II. ①刘… III. ①产品设计 – 研究 IV. ① TB472

中国国家版本馆 CIP 数据核字（2024）第 057287 号

机械工业出版社（北京市百万庄大街 22 号　邮政编码 100037）

策划编辑：杨福川　　　　　责任编辑：杨福川

责任校对：李可意　张亚楠　　责任印制：常天培

北京机工印刷厂有限公司印刷

2024 年 6 月第 1 版第 1 次印刷

147mm × 210mm · 11.5 印张 · 243 千字

标准书号：ISBN 978-7-111-75372-8

定价：99.00 元

电话服务　　　　　　　　　　网络服务

客服电话：010-88361066　　机　工　官　网：www.cmpbook.com

　　　　　010-88379833　　机　工　官　博：weibo.com/cmp1952

　　　　　010-68326294　　金　书　网：www.golden-book.com

封底无防伪标均为盗版　　机工教育服务网：www.cmpedu.com

　　|**序言**|

很高兴为华孝的新书作序。

　　首先介绍一下用户研究这个新兴行业的历史脉络，以及这个行业重要带头人物的贡献和影响。第二次世界大战时期，美国军方集合了全国心理学界的精英，将他们分配到陆海空三军的战时研究单位，开展有关人员训练，武器装备的设计、使用方法、操作效能，以及提高士气等各种心理因素的研究。这些研究人员在战争后回到自己的岗位上，将战时的体验和创新思想融入他们对学术和专业的追求上，逐渐促成了人因（Human Factor）工程领域的兴起和发展。其间他们共同关心的主题是人与工作及环境之间的互动关系，以及效率、安全、舒适和满意度等各方面的问题。

　　其中以威斯康星大学的 Karl U.Smith 教授和他的学生们的贡献最为突出。Smith 教授是一位实力派的实验心理学家，也是兴趣广泛和创意丰富的学界领袖。二战时期，他研究雷达视觉的信号及操作，以及知觉疲劳等心理过程。战后，他聚焦于对工作场所的研究。他认为工作本身是人性的、进化的，是人生存的一种本性。我们必须考虑工作的各种相关条件，要配合人的发展、心理、生理、社会、环境的安全和舒适等，来促进以各方面为核心设计工作方法、设备及程序。这就是所谓的"工作本身就是要为配合员工而设计"（fitting the job to the worker）的概念根源和人因工程学术及行业的精神所在。这个信念和倡议在20世纪50年代还是崭新的思维和需要奋斗的目标。他的学说和倡议，经过多年来研究人员的共同努力，终于在多方面影响了工作设计、工效学、职场健康、行为医学、人性工程等各个学科的发展。尤其重要的是，这个学派为美国的人因工程与欧洲的工效学（Ergonomic）的专业发展做出了极大的贡献。1959年，Smith教授联合两位心理学家同人Burger和Grandjean创立了国际工效学联合会（International Ergonomics Association），这个联合会现在是人因／工效学界的学术交流的全球性功能机构，目前已有50多个国家和地区加入。Smith教授除了是人因工程学界的开创者及领军人物之外，在心理学界更是以思想家和理论家著称，为重要的心理学术和基础理论方面做出了杰出贡献。Smith教授在威斯康星大学心理学系任教30年，先后培养了60名博士生。这些不同年龄的学生，受Smith教授的启发，在各个方面取得了重要成就。其中的佼佼者包括：密歇根大学的Paul Fitts及IBM的John Gould，他们曾经先后担任HFES（人因工程协会）主席，推进确立了这个学科的内涵、专业方向；Clifford Morgan，创立了美国的心理学协会（Psychonomic Society）；J. C. R. Licklider，互联网开发的奠基人之一；Leanard Mead，曾任塔夫茨大学（Tufts University）的校长。我的同学中，Steven Sauter协助美国联邦政府成立了NIOSH（National Institute of Occupational Safety & Health，国家职业安全与健康研究所），Michael Smith主持威斯康星大学的工业工程系多年，丁浦生去了香港中文大学协助成立心理学系，任先明去了夏威夷大学人类学系。而我则去了 UM-Ann Arbor（University of Michigan-Ann Arbor）及两家 HFE 顾问公司，十年间参与了多项美国联邦政府有关人因工程的研究计划与实践工作，于 1975 年回到香港大学。我长期研究书写心理，于 1985 年创立了国际书写研究学会（International Graphonomics Society，IGS），会址在荷兰，迄今已活跃了近 40 年。

人因工程在 60 多年的发展过程中，其重心在不同时期是不同的。二战后第一阶段的工作设计，是不考虑人的因素的，只要求操作员设法配合机器的操作程序和要求。这就是当时工业界流行的"让人适应机器"（fitting man to the machine），也就是让员工设法配合机器及设施的操作要求，把员工融入制造的过程之中，变成机器运作的一部分。第二阶段为 20 世纪 60 年代至 80 年代，由于心理学及体质人类学的结合研究，我们对人体的结构有了认识，此时的工作设计逐渐考虑到人及其如何与机器设备的操作密切配合，以提高效率及生产力。此阶段的工作理念变为人机系统（man-machine system）的设计。这个阶段的特点还在于工作任务与人的条件的合理协调和配合。20 世纪 80 年代前后，部分心理学家在此基础上，探讨及深化了工作设计对产品的用户情绪、生理反应、喜好和感知等方面的关怀和重视。这些认识使人因工程的应用及普及转移到了消费者身心健康层面。其中，日本心理学家 Mitsuo Nagamachi 提出了感性工学（Kansei Engineering）理念，后来该理念被逐渐推广到世界各地。

随着认知科学及认知心理学术和实践的兴起，20 世纪 90 年代人因工程的重点转向了人与电脑的互动关系的设计和应用，人机交互（Human Computer Interaction，HCI）成为热门科学，再加上智能手机的问世，人机交互领域呈现出欣欣向荣的景象。新时代的人机交互涉及多学科、多专业，在深度及广度上都有了极大的拓展，丰富了用户体验的内涵和方法，从而形成了一个新的学术及专业领域。如今用户体验对工作的定义，早已不仅仅是以电脑和智能手机为对象了，它终将是一个更广阔、更人性的概念——创意、落实、幸福感。这个概念，是人性思维下的宏观态度和期许，也是我在这个领域里的深刻观察、体验和领悟。

华孝毕业于中山大学心理系，我是在中山大学访问时和他认识的。他毕业后，很快就投入了新兴的用户体验和研究行业。十多年来，他在手机和互联网业务的用户研究中积累了丰富的实践经验。这次华孝把他的所学、经验和心得汇集成书与大家分享，确实是一次美好的奉献。趁着这个机会，我把个人的学习、实践和对学科的认识，写在这篇序里，这也是一件非常愉快的事。最后，祝大家通过这本书更好地认识用户体验这个以人性与幸福为本的专业。

香港大学　高尚仁教授

为什么写这本书

我在互联网、硬件、电商等各类企业都工作过，深刻体会到用户研究可以帮助企业摘下很多"低垂的果实"，研究用户是一个投入低、产出高的事情。其实，只要具备了用户研究的意识，掌握了简单的研究技巧，大家都可以通过研究用户改进自己的工作，创造意想不到的更大价值。例如，有的设计师分享过电商网站横幅广告页（banner）的设计经历，他们设计了几个版本的方案，通过 A/B 测试的方法，找出点击率最高的设计方案，不同方案之间的点击率可能相差数倍。对设计师来说，用户研究是一种最大限度地提升设计价值的工具。而绝大多数的企业和员工却没有去考虑用户研究这回事，有的是由于意识不足，有的是觉得不具备研究能力。传播用户研究意识、普及用户研究能力是我写本书的目标之一，希望本书能给各行业，不管是硬件业、软件业、服务业还是制造业，带来一些改变。

在任何行业中，理论和实践总有差异，用户研究领域也不例外。即使是专业比较对口的心理学、社会学专业毕业生，在工作时也会面临很多实际困难和困惑，需要很长一段时间的适应期。

我在用户研究这个领域深耕了一段时间后，开始收到别人关于用户研究的各种问题或者咨询，有一些人是自己找来的，有一些人是别人推荐来的，在帮别人答疑解惑时，有时候是当面讨论，有时候是网上沟通。因此，我写本书的第二个目标是，希望本书能给立志做用户研究的读者带来一些收获。

虽然我在用户研究行业工作多年，但是每次做一个全新调研时，并没有游刃有余的感觉。这时，不免感慨这些年的工作中有阅历、没沉淀，仍需要自我提升。而如何自我提升呢？之前听过一个讲座，颇受启发，这个讲座的大意是：人学习一项技能时，最有效的学习办法就是出教程，所谓"最好的输入是输出"。既然如此，写一本书岂不是一种很好的自我提升？于是我开始构思这本书。在写之前，有的内容已经在心中但是需要提炼总结，有的内容还需要自己不断查阅资料才能搞清楚。结果就是，整本书写完之后，我感觉自己确实有所提升，无论在研究思路上还是整体视野上，都有新的思考。

本书读者对象

本书的目标读者主要有两类。

第一类目标读者是毕业后立志做用户研究的大学生，或者虽然有工作经历但是初次涉入用户研究领域的职场人。本书将带你进入用户研究的世界。从本书中，你将了解做用户研究的基本流程和实战技巧：

1）用户研究是做什么的？用户研究能给企业和自己带来哪些价值？

2）用户研究的基本思路和方法有哪些？每种方法的适用范围如何？

3）如何将用户研究成果应用到工作中？

当然，如果你在用户研究领域有多年工作经验，对各种用户研究方法和使用场景都比较熟悉了，可以不用继续看下去，因为本书内容比较基础。

第二类目标读者是更为广泛的职场人士，如产品经理、产品策划、运营经理、设计师、人力资源顾问等。为什么这些人也需要了解一些用户研究的方法呢？其实仔细想想，你所服务的对象，就是你的"用户"。每个职场人都要面对自己的"用户"：产品经理负责的产品是服务用户的，视觉设计师的设计作品是给用户看的，交互设计师的设计方案是给用户使用的，运营经理的运营方案的对象也是用户。要想服务好自己的用户，可能都需要思考一些问题：

1）我的产品的目标用户是谁？——中国 14 亿人口中，我的产品应该首先服务好哪些用户呢？

2）我的用户有哪些需求？哪些需求是主要的，哪些是次要的？——抓不住主要需求，在各个方面平均施力，会使产品沦为"四不像"，用户更不会使用。

3）我设计的产品使用起来顺畅吗？使用过程中有没有问题？——用户已经越来越挑剔，体验差的产品会被直接弃用。

4）产品运营方案能否被用户理解？方案对用户的吸引力如

何？——运营活动做不到用户心坎上，很容易花了钱还无法赢得用户的心。

你可能会好奇，人力资源管理（也就是我们常说的 HR）和行政人员也需要做用户研究吗？其实这对他们来说也是一项加分技能，因为 HR 面对的是公司员工这样的内部用户。例如，腾讯的行政人员就很善于通过研究用户，发现并解决问题。他们发现了会议室预定过程中存在的一个问题：很多时候员工会提前几天在线上预定会议室，但是真正到了会议时间，却没去用，导致真正需要会议室的人定不到地方。据此他们设计了一个巧妙的解决方案：在会议室里贴了一个二维码，如果你发现会议室当前时段有人定了，但此时此刻会议室空着，那么你可以通过扫描二维码一键取消原来的预定，同时自己定下来立刻使用。这个方案很好地解决了问题，提升了会议室的运营效率。

本书内容及特色

本书共 10 章，分为三篇。

第一篇（第 1～5 章）主要介绍用户研究的定义，以及用户研究的基本流程、方法与工具。通过阅读这一篇，读者可以对用户研究建立基本认知，对数据收集方法、分析方法和用户研究工具有基本的了解。

第二篇（第 6～8 章）主要是用户研究在产品开发全流程的具体应用，从用户角度回答业务应该做什么和怎么做的问题。这一篇主要是用户研究的实际应用，可以理解为第一篇基本方法和技巧在产品开发过程中的具体运用。

第三篇（第9~10章）先谈用户研究的落地、沉淀，毕竟用户研究的最终目的是通过落地来影响业务。这一篇的最后是我个人对行业的一些思考，汇集了自己从业以来对工作中遇到的常见问题的解决方案。

本书在介绍用户研究基本方法的基础上，重点结合产品开发全流程，对用户研究的应用场景进行了详细阐述，不仅有方法、流程的介绍，也通过对产品开发全流程的用户研究，将方法、流程融入实际工作中，实操性强。另外，本书还融入了我在实际做项目的过程中的经验和思考，在一些需要避坑的地方做了提醒，希望读者能够尽量避坑，更好地将用户研究用到实际工作中。

参考资料

本书参考了大量文献和书籍，在此特别感谢这些文献和书籍的作者的无私奉献，正是他们的分享才让更多人掌握了用户研究的思路和技巧。由于篇幅所限，书中未能一一列举这些文献和书籍，如有需要，请点击链接 docs.qq.com/doc/DWXFsUVZuVW92WXdi 查看，也可以发邮件至 liuhuax@foxmail.com 获取相关内容。

致谢

写一本书需要付出大量心血和精力，感谢家人一直以来的支持，使我能够在业余时间专心完成本书。特别是，有时周末还在写稿，无法抽出更多的时间陪伴女儿。

特别感谢高尚仁老师。能请到高老师作序感到无比荣幸，高老师在 20 世纪 60 年代就开始研究汽车驾驶体验，成果发表在 *Nature* 等顶级刊物上，是当之无愧的用户体验和研究领域的先驱。本书第 1 章提到的部分用户研究奠基人，如 Paul Fitts、Alphonse Chapanis、H. A. Simon，高老师都认识甚至跟他们共事过，这是高老师看完本书手稿时偶然发现的。时隔多年，在本书中"遇见"这些老朋友，也许是另一种缘分。

此外，要感谢在本书写作和审稿过程中提出修改意见的朋友，他们是：黎明、王建、何伟、朱利伟、可可、海哥、阿明、徐敏。经过他们的审阅，本书无论在行文、结构上，还是在专业性和严谨性上，都有了明显的提升。

最后，衷心感谢机械工业出版社的各位老师，没有他们的鼓励和辛勤付出，本书绝不会顺利出版。

|目录|

|第 3 章| 数据收集基本方法

|第 4 章| 数据分析基本方法

|第 5 章| 用户研究的常用工具

第二篇　用户研究赋能产品开发

| 第 6 章 | 产品开发前的用户研究

| 第 7 章 | 产品开发中的用户研究

第三篇　用户研究落地、沉淀与个人思考

| 第 9 章 | 用户研究成果落地与沉淀

| 第 10 章 | 关于用户研究的个人思考

第一篇

用户研究流程、方法与工具

用户研究是什么？开展用户研究需要哪些流程？用户研究收集数据、分析数据的基本方法有哪些？用户研究常用和特有的工具有哪些？这是本篇要回答的问题。

1

全面了解用户研究

想要全面了解用户研究，需要首先了解什么是用户研究，用户研究主要做什么，它的应用场景有哪些，以及用户研究的来龙去脉是怎样的。除此之外，很多人也会经常问我这样一个问题：基于自己的专业背景和基本素质，能否从事用户研究工作？因此，本章最后介绍了用户研究从业者所需要的基本素养。

1.1　用户研究是什么以及为什么需要用户研究

几十年前的商业领袖大概无法预想到在如今的商业世界中，用户被置于如此高的地位。而再过几十年，回过来再看当下，人们必定会认为我们当前对用户需求的满足如此初级。可以预见，未来商业对用户的理解将越来越深入产品、营销、品牌等各个环节。这正是用户研究可以施展影响、发光发热的时代契机。那么，什么是用户研究？用户研究有什么作用？我们先通过两个用户研究案例粗略了解一下。

2013 年美国政府耗资 6.78 亿美元建成了一个医改网站（HealthCare.gov)，上线首日独立访客（Unique Visitor，UV）人数高达 470 万，但只有 6 个人注册成功。为何出现如此尴尬的情况？事后很多人从用户体验角度提出了大量网站体验差的问题。这样一个投入巨大、被寄予厚望的网站，却因为可用性差而沦为笑柄，如果上线前做一轮用户研究，发现问题并及时改进，情况一定会好很多。

用户研究不仅能在产品上市前发现并解决一些问题，而且能带来创新方案，产生更大的价值。美国银行（Bank of America)曾经委托一家咨询公司 IDEO 做用户研究。该咨询公司调查发现用户买东西时不喜欢找零，因为比较麻烦，同时也发现大量用户手头没有积蓄。这两个洞察结合起来，能催生出什么新业务呢？该公司根据上述研究结果，结合美国银行业务现状，通过头脑风暴，提出了一个创新计划——把零钱存起来（keep the change)。这个计划的主要内容是：如果用户用银行卡买单时产生零头，则自动扣下一个整数金额（如花费 11.1 美元，扣款 12 美元)，而多扣的部分（0.9 美元）由银行帮助用户自动存起来。计划上线初期，为了吸引用户使用，美国银行还做了一个激励活动方案：当用户通过这个计划存零钱时，银行会出资帮助用户存同样金额的钱。例如，在上面的案例中，银行也会帮助用户存 0.9 美元，用户实际存了 1.8 美元。这个计划帮助美国银行在 3 个月内拓展了 20 万名新用户，使银行实现了商业成功，用户也逐渐有了一些积蓄。

上面两个案例从正反两个方面体现了用户研究的力量。

一方面，缺少用户研究可能带来灾难性后果，未经用户测试的产品上市会面临较大风险。在商业世界中，因脱离用户需求和偏好，没有把握好用户需求而衰落甚至倒闭的企业比比皆是。CBInsights[⊖]对美国 101 家初创公司倒闭的原因进行了调研，发现这些公司的产品和服务没有市场或者用户需求是最大的原因，占比 42%。一个风险投资人曾经说过：一个不存在的市场不会在乎你有多聪明。言外之意，在一个没有需求或者需求很弱的产品上做再多耕耘、倾注再多智慧也注定是徒劳。

另一方面，适当的用户研究可以带来创新方案，产生新价值。企业经常提创新，可是创新的源泉是什么？从对用户的深刻理解中找需求，然后结合自身业务，发掘新机会点和新业务，是一条最为可行的路径。

用户研究是一个及早、主动洞察机会点和发现问题的手段。这里有两个关键词最能体现研究的价值。第一个关键词是"及早"。及早发现了机会点，就抢占了先机。如果在产品研发阶段及早发现问题，就可以规避上市后的风险，效果等同于提前防

　⊖　**CBInsights** 是一家位于美国纽约的风险投资数据公司，成立于 2008 年，主要业务是通过爬虫技术和算法给出各行业的风险投资报告和通过网络提供软件服务。

火。第二个关键词是"主动"，你去跟随别人找到一个新机会点，这也是一种发现，不过是被动地发现，这样只能跟在别人后面而丧失先机。产品不做任何用户研究而直接推向市场，再根据用户的评论持续优化，也是一种研究方式，但是这种吃一堑长一智的、救火式的成长方式比较慢，可能会浪费宝贵的时间窗口。如图 1-1 所示，它很好地体现了用户研究的两个价值。

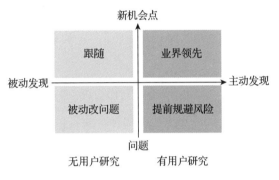

图 1-1　用户研究的"有"与"无"

作为用户研究从业者，在谈用户研究的重要性时，多少有点"王婆卖瓜，自卖自夸"的味道，因为任何一个岗位的从业者，都可以讲自己的工作多么重要。那么从企业的角度看，用户研究到底重要在哪里？我们先看几个公司 CEO 的看法。

"要更靠近你的客户，你如此靠近他们，以至于你可以在顾客意识到自己的需求之前，就可以告诉他们需要什么。"

——苹果前 CEO 乔布斯

"我们视顾客为宴会的座上宾，而我们自己是主人。我们每天的工作是：把方方面面的客户体验做好，哪怕只是提升了一点点。"

——亚马逊前 CEO 贝佐斯

"你出来创业到底为了什么？提供了什么价值？解决了什么痛点？哪怕只有一个点，你感觉到用户很痛的地方，帮他解决了，比如提高了效率，就会有存在的价值。很多创业者浅尝辄止，产品做到一半，就交给下属，然后转移精力去管别的'大事'。但回过头看，其他'大事'都是小事。最重要的就是产品体验能不能打动人，这就是最大的事，比一切事情都大。"

——腾讯 CEO 马化腾

也有人会说，数字化时代我们已经从后台掌握了很多用户数据，还有必要进行用户研究吗？的确，随着移动互联网的发展，公司拥有了越来越多的用户信息：用户画像、浏览和点击行为，甚至用户的兴趣偏好、经济情况、地理位置等都可以获取到。例如，抖音、今日头条等公司通过人工智能算法技术，把用户数据运用到了极致，可以根据用户的喜好进行精准内容推荐。但是即便如此，我认为用户研究依然必不可少。

首先，后台数据存在"幸存者偏差"效应，我们只能获取使用我们产品的用户产生的行为数据。这样的数据存在局限性，主要体现在两个方面：一是对于不使用我们产品的用户，到底为什么不使用，我们无从知道，而当我们拓展新用户时，去调研未使用产品的用户反而是更重要的；二是用户可能会同时使用我们的产品和竞品，当我们只了解用户的使用我们的产品的行为时，这样的数据是片面的，要想全面了解用户的使用情况只能通过调研进行。如图 1-2 所示，用户的娱乐方式是多种多样的，例如玩游戏、打麻将、唱歌等。而像抖音这样的 App，即使记录了用户所有的 App 内行为，却无法了解用户的其他娱乐行为，也无法了解用户全貌。用户调研则可以让我们更加全面地了解用户方方面面的娱乐行为，校正我们的片面性。

图 1-2　使用 App 仅仅是用户行为的一部分

其次，后台数据反映的是现象，对于现象背后的用户动机、用户情感，我们无从知晓。例如，我们可以从后台数据看到有的用户平时使用 App 的时间是半小时，但是最近经常使用了 10 分钟左右就关闭了，用户使用时长为什么变短了？是因为产品还是用户自身有其他的事情要去做？这些重要问题不通过调研是无从知晓的。2000 年左右，Google 通过后台数据发现，虽然大批用户打开了搜索页面，但是没有任何搜索行为。该公司百思不得其解，于是就派人去学校里找大学生进行调研，发现原来用户没有搜索的原因是以为页面一直在等待加载，那时候大多数网站都是铺天盖地的动图，用户习以为常，而当用户看到 Google 的页面搜索框外面一片空白时，就以为还没有加载完，所以他们选择了"加载更快"的搜索引擎。像这样的问题，不走出去调研，是永远找不到问题的症结的，当然更无法解决问题。

最后，公司要拓展新业务时，可以通过用户研究在早期给出初步结论，辅助关键决策。对于一个全新的业务，公司可能没有任何数据。新业务推向市场到底能不能成功？会不会被市场认可？我们所规划的产品功能，能不能让用户引起共鸣？这些问题都需要用户研究来回答。

以上都是用户研究的商业价值。从更大的层面来说，用户研究还可以让社会、个人变得更好。因为用户研究是站在用户的角度增加用户"福利"，这里的"福利"不仅包含物质上的，更包含精神上、情感上、效率上的。例如，我们通过研究改善体验问题，能使用户快速完成他要做的事情，节省了用户的操作时间，让用户在使用中毫无心理负担和挫折感，这就是一种效率和情感上的"福利"。再比如，我们在后面还会讲到通过研究战斗机驾驶员的使用体验，能够发现设计缺陷并加以改善，减少坠机事故，这可是能够挽救生命的事情！

但是，有时用户研究也有不好的一面，比如有的企业会利用人性的弱点设计产品，蓄意让用户多购买、多使用、多停留。这是一种短视的做法，长远来看对用户、企业都是无益的。我认为，用户研究应该抵制这种不良倾向。

1.2　用户研究主要做什么

从用户研究的工作流程来看，用户研究是一个"输入 - 整理加工 - 输出"的过程。用户研究的输入是指通过问卷、访谈、实验、观察、收集二手资料等基本方法获取用户信息和反馈，这是用户研究的原始材料。整理加工是指对原始材料进行加工、筛选、甄别，然后进行定量或者定性的数据分析，得出主要结论，这是对原始材料进行"去粗取精、去伪存真、由此及彼、由表及里"的加工过程。输出是指对原始材料加工完毕后，将主要结论和洞察展示给相关业务人员。用户研究人员的大部分工作都是围绕这三部分展开的。

从用户研究的工作性质来看，用户研究又很像一种翻译工作，它架起了公司和用户的桥梁，既要从用户中来，又要到用户中去。从用户中来是指用户研究要贴近用户，要代表用户发声，将用户的需求和偏好转化成公司内部人员可以理解、可以落地的业务需求。到用户中去是指当我们找用户进行访谈、测试产品的时候，又需要将产品的功能、卖点翻译成用户语言，这样用户才能听得懂，研究才能够进行下去。这两方面的翻译工作都很重要，前面一个翻译工作做不好，研究的价值就无法发挥，只有将用户需求转化为产品需求或者改进措施，才算有价值的洞察。后一个翻译工作做不好，用户就无法有效地接收到我们想传递的信息，这样调研结果是否可信都是一个大大的问号。

以上是从工作流程和性质角度看用户研究。那么，作为用户研究人员，经常需要思考和决策的重要问题有哪些呢？我认为以下 6 个主题是日常工作中最需要经常思考的：

1）定量 / 定性：当我们打算做一个项目时，是采用定性、定量研究方法去满足业务需求，还是需要将两者结合起来，是必须要考虑的问题。在项目汇报中，研究人员也需要解答这方面的疑问，有的听众喜欢用定量研究的思维去质疑定性研究的发现，比如我们在讲解一个定性研究结果时，有人会问有多少百分比的用户是这样的，这也是需要我们去做合理解答的。

2）评估 / 发现：评估型研究往往是业务部门已经有了想法和方案，如产品外观、原型、运营方案等，由用户去使用或者测试，根据用户的使用或反馈不断优化我们的想法，是从业务视角出发看用户的反馈。发现型研究则相反，是从用户的角度出发来启发业务，例如，先看用户还有哪些需求未被满足，再反过来看业务如何做才能满足用户需求。有时候，这两种视角需要同时拥有。

3）现象 / 原因：研究过程中我们不仅要看到用户的言语和行为等现象，更要试图去理解现象背后的意义。对意义的理解深度决定了用户研究的深度。例如，买售价为六七千元手机的用户和买售价为两三千元手机的用户都认为自己手机的性价比高，但是他们对性价比的定义不同。前者认为六七千元的手机使用时间更久一些，虽然单次购买价格贵，但从长期看性价比是高的。而买两三千元手机的用户认为手机的各项性能和参数也很好，从单次购买角度看，自己手机的性价比是高的。两种截然不同的现象背后有着同样的本质，只是用户的思考逻辑不同。

4）个性 / 共性：我们虽然研究的是个体，但是希望调研结论是适用于整体的。从一个个用户来看，每个用户都是特殊的，但是也会与其他用户有类似之处，我们需要识别哪些是个性特点，哪些是共性特点。当我们提出一个结论时，这个结论到底是仅适用于这一批用户，还是可以推广到整体用户，研究的代表性如何，是时刻萦绕在用户研究人员心头的大问题，牵涉研究是否站得住脚。如果结论无法从样本推广到整体，研究的意义甚至不复存在。

5）事实/观点：一份报告中既要有事实，又要有我们的观点。事实是客观的，脱离了事实，观点只是空中楼阁。观点则带有主观性，没有观点只堆砌事实就失去了用户研究的意义。就像某个著名的例子：两个鞋厂的推销员到一个岛上去考察，发现岛民不穿鞋子。一个人的观点是鞋子在这里没有市场，另一个人的观点是鞋子的潜力很大。两人看到的是同样的事实，得出的观点却完全相反。调研也一样，对同样的结论和数据，大家可能会有不同的观点。我们在写调研报告时，数据、材料一般是客观的。但是观点不可避免地带有主观性，掺杂了我们自己的价值观、对业务的理解、知识结构甚至偏见等，这些会对我们产生潜移默化的影响，所以在陈述观点的时候要特别小心。在工作中也会看到有人基于一个正确的事实，提出不一定正确但是对自己有利的观点。例如，公司第 2 季度业绩增长了 30%，这是客观事实。如果运营部门说我们这个季度做了很多有效的运营活动，推动了业务增长，那么我们就要特别小心，因为他讲的是基于事实的因果推断，是观点。如果要做因果推断的话就需要进一步分析，比如：是不是整个大盘都在增长呢？假设竞品什么都没做，却增长了40%，而我们做了很多运营活动才增长了 30%，上面的观点还站得住脚吗？

6）信度／效度：信度和效度事关用户研究的质量。信度是指研究结论是可重复的还是偶然发现的，我们在多大程度上认为结论是可靠的。效度是指我们研究的主题是否契合业务的需求，如果与业务的需求偏离，需要及时纠正过来。用户在访谈中所讲的、在问卷中所填写的内容，在多大程度跟他们的实际行为相符合？我们如何问问题才能更好地获取真相而避免被用户误导？在实验中，如何排除掉无关变量的影响，从而使自变量对因变量的影响是真实且客观存在的？上面这些问题都是我们从信度／效度出发，需要解决的。

1.3　用户研究的应用场景

在《用户体验要素：以用户为中心的产品设计（原书第 2 版）》[⊖]一书中，作者提到用户体验的五个层次——战略层、范围层、结构层、框架层、表现层，如图 1-3 所示。其实这五个层次也可以用来很好地回答用户研究的应用场景。在实际工作中，对于每个层次，我们都需要做出大量的决策：产品要不要做？怎么做才能最好？决策的依据是什么？其中很重要的一点就是基于用户的数据，所谓"没有调研就没有发言权"。很明显，没有调研也没有决策权。当然这里的用户数据并不一定全部源于用户调研，也包括第三方数据和资料收集等，总之通过收集数据，我们可以获得足够支撑决策的数据。用户研究是从用户的视角出发，回答每个层次中需要决策的关键问题，简单来说，这就是用户研

　　⊖　本书已由机械工业出版社出版，ISBN 为 978-7-111-34866-5。——编辑注

究最主要的应用场景。

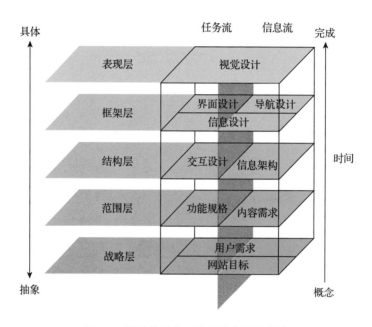

图 1-3　用户体验的五个层次与用户研究

　　管理层主要关注战略层，具体来说，需要做出以下决策：这款产品到底要不要做？要做的话，产品定位是什么？我们到底要帮助用户解决什么问题或者带来什么价值？这是产品出发的原点。

　　产品经理主要关注战略层和范围层，需要做出以下决策：产品的目标用户是谁？在预算有限的情况下，应该把成本往哪里倾斜？产品研发全流程中如何依据用户需求决策每一个细节？产品上市后，用户怎么看待我们的产品？

　　设计师主要关注结构层、框架层和表现层，需要做出以下决策：如何设计产品才能更吸引用户？产品的用户偏好度如何？产品是否简单、高效、易用？

市场人员关注范围层，需要做出以下决策：营销推广到底用哪个渠道更有效？什么样的宣传文案和内容让用户更容易理解并且更吸引用户？

只要业务人员在决策中拿捏不准用户的需求和想法，就可以启动用户研究。当然我们也要承认，决策需要参考用户数据，但是用户并不是唯一的考量因素，实际上管理层、产品经理在进行决策的时候需要综合考虑各种因素，例如时间进度、研发资源、竞品动向等。

1.4　用户研究的历史、现状与展望

用户研究是一门年轻的科学，它的发展可以追溯到二战时期对战斗机与人的交互的研究，它的背后更蕴含一种很强烈的人文气息：让产品适应人而不是让人适应产品。这种以人为中心的理念是支撑用户研究从过去到现在，再到未来不断发展壮大的动力。

1.4.1　用户研究发展历程与里程碑

在心理学界有这么一句话：心理学有一个漫长的过去，但只有短暂的历史。人类几千年来一直关注和研究心理现象，像孔子、柏拉图、亚里士多德等都研究过人的心理，但是心理学作为

一门独立学科直到最近 150 年才发展起来。

与心理学一样，用户研究一直存在，只是最近这些年人们才意识到它的重要性，把它变成一个独立的职业。1000 多年前的唐代诗人白居易就懂得对他的"产品"——诗歌进行"可用性测试"。据说他写完诗歌后，要念给周边不识字的老太太听，看她们是否能听得懂，如果她们可以听懂的话，就算过关。中医讲究"望闻问切"，我认为这些诊断疾病的方法与用户研究方法在本质上是类似的：望就是观察，闻就是倾听，问就是访谈，切就是去实际体验。只不过中医是用这些方法来诊断疾病为人开药方，而用户研究人员则通过这些方法了解用户为"产品"和"企业"开药方，两者的目的和出发点不同，但方法相通。在遥远的周代，有一类人专门从事民间采风的工作，这些人背着竹简，行走在田间地头、山林湖海，主要任务就是去看、去听，记录劳动者的歌咏、民间的疾苦、民众的呼声，以便统治者掌握社情民意，从而指导周王朝制定和调整政令。所以用户研究的意识是根植于人类发展史之中的，但是以往缺乏科学的数据收集和分析方法，研究的结论也从来没有经过现代科学的验证。

近代以来，专业的研究方法、统计方法逐步成熟，为用户研究注入了科学的要素，让用户研究生根发芽、苗壮成长。用户研究从市场研究中继承了大量的方法和思路。市场研究起步于 19 世纪 20 年代，当时一个叫 Daniel Starch 的美国人提出一个理论，他认为广告只有被人们看到、阅读、相信、记住，而且能够引发人们的购买行动，才是有效的广告。在这个理论指导下，研究人员走上街头，询问用户对刊登在杂志上的广告的记忆情况，评估广告效果，最早的市场研究就这样诞生了。1940 年之前，市场研究以定量问卷调查为主，从群体的角度研究消费者。20 世纪五六十年代以后引入了定性研究方法，从个体的角度研究消费者。虽然用户研究和市场研究都是以"人"为研究对象，研究方法基本是相通的，但是两者看问题的角度略有不同：市场研究更多地将人视为产品的"购买者"，主要围绕人们的品牌认知、消费动机、购买路径、购买决策要素等进行调研；用户研究则更多地将人视为产品的"使用者"，主要围绕人对产品的使用体验、需求、使用场景和行为等进行调研。所以，用户研究虽然借鉴了市场研究的方法，但是也有自己独有的发展路径。我们后面会重点围绕用户研究独立发展的这条路径阐述一下。

用户研究的历史可以追溯到 20 世纪 40 年代，在二战时期，美国有一款战斗机波音 B-17 经常在降落的时候坠毁，战争结束时，总共发生了数千起类似的事故。当时这样的事故通常被认为是"飞行员失误"，但是飞行员都经过了良好的训练，为什么还会出现这么多失误呢？1947 年，两个心理学家 Paul Fitts 和 Alphonse Chapanis 对多起事故做了分析，结论非常简单直接：飞机降落时两个重要的操作杆（起落架和襟翼的操作杆）外观设计一样，位置相近，战斗中的飞行员在高负荷的紧张状态下，不容易分清它们而产生误操作，导致飞机降落时出现事故。所以严格来说，事故并非"飞行员失误"，而是"设计师失误"，正是糟糕的设计带来了灾难性的后果。后来设计师改进了飞机起落架和襟翼的操作杆的外观设计，增加了两者的外观区分度，以避免类似事故发生。自此以后，可用性才逐渐被人们意识到并且重视起来，可用性测试也被广泛应用到飞机、汽车制造等领域。

　　同年，贝尔实验室开创性地设立了第一个专门研究可用性的部门 User Preference Department，后来改为 Human Factors Department。直到今日，我们还在享用其研究成果。图 1-4 左图中的座机电话拨号盘，就是该实验室在 20 世纪 50 年代经过深入研究后设计出来的，即使你现在不用座机电话了，右图手机界面上的拨号盘也是沿袭了电话拨号盘的布局。也许大家觉得这个设计理所当然，而从来没思考过这样一个问题：为什么要设计成这样？

图 1-4　座机电话和手机界面拨号盘上的数字布局

　　实际上，这个设计在当年是从众多备选方案中，经过科学的用户测试才选出来的。贝尔实验室起初设计了 16 款拨号盘，如图 1-5 所示，然后请用户来测试每一款拨号盘的按键效率、出错率、喜欢程度。根据用户测试结果，首先淘汰了按键效率低、出

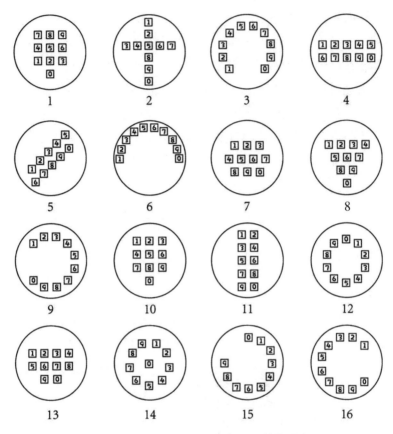

图 1-5　贝尔实验室起初设计的 16 款拨号盘

错率高的 11 款设计，最后剩下 5 款设计（图 1-5 中的方案 3、4、
10、11、16）。那为什么最后胜出的是我们现在常见的这一款呢？
测试发现用户主观上不喜欢双列、双行的布局，即使它们的拨号
效率和出错率并没有落后于其他方案，所以方案 4 和 11 出局了。
另外，圆形的布局从当时的工程和技术角度看不太好实现，所以
圆形布局的方案 3 和 16 也被排除了。最终方案 10 胜出，一直沿

用至今。从这个案例可以看出，我们认为理所当然的设计，其实是经过多次用户测试、深思熟虑才确定下来的。设想一下，如果贝尔实验室当时选择了方案 4 或者方案 16，那么我们现在的拨号盘大概率也是那样的，而非今天常用的这款。

1967 年，美国成立了人因工程协会（Human Factors and Ergonomics Society，HFES）。这个协会创办了一系列有影响力的杂志，例如 *Human factors*、*Ergonomics in Design* 等，不断引领人因工程学的发展。人因工程学与可用性有密不可分的联系，它们虽然称谓不同，实质内容却大体相通。两者都强调要从人的角度出发来设计和改进产品，而不是反过来让人去适应和学习产品。

自 20 世纪八九十年代以来，可用性的方法论和理论更加成熟，应用领域也从硬件扩展到了软件和互联网。Ericsson 和 Simon 在 1980 年发表了一篇文章——"Verbal reports as data"（将口头报告视为一种数据）。我们现在做可用性测试时常用的出声思维法（think aloud）就是源自这篇文章，它让可用性测试有了更好地了解用户思维的手段。到了 20 世纪 90 年代，Nielsen 在《可用性工程》一书中，提出了可用性的原则和系统研究方法，成为可用性领域的集大成者，他至今仍然活跃在用户体验一线。1993 年，Don Norman 首次在 Apple（苹果）公司提出了"User Experience"（UX，用户体验）这个概念。用户体验的概念比可用性更加宽泛，它包含用户和产品互动的方方面面。例如，用户收到产品后的开箱体验也属于用户体验的一部分，对用户体验的研究被称作 UX Research（用户体验研究），实际上与用户研究的重合度是很高的。2000 年，Steve Krug 出版了畅销书 *Don't Make Me Think*[⊖]，伴随着 PC 互联网以及移动互联网大潮的到来，这本书受到众多互联网产品经理、交互设计师的追捧。

虽然用户研究最早是从可用性、人因工程学发展起来的，但是最近几十年的发展远不止于此。2004 年，可用性专业协会（Usability Professionals Association，UPA）成立，2012 年更名为 UXPA（User eXperience Professionals Association，用户体验专业协会），从这次更名就可以看出可用性是一个相对比较狭窄的领域，所以后来用"用户体验"代替了"可用性"。但是我认为用户体验所包含的范围还是不够宽，因为不管是可用性还是用户体验，出发点都是为了解决现有产品或者服务的问题，毋庸置疑，这当然是用户研究要解决的课题，但是用户研究应该能够承担更多从 0 到 1 的新机会点的挖掘，甚至帮助建立新产品形态，这才是用户研究更大的价值所在：为产品创新提供动力。

目前已有一些成型的理论和方法可以指引用户研究从业者朝着产品创新的方向努力。其中，哈佛商学院的克里斯坦森（Christensen）教授推崇的 Jobs To Be Done 理论就是指导我们从用户目标出发进行创新的理论。简单来说，他将产品视为帮助用户实现自己目标的手段，产品只有围绕着"用户的目标或者要完成的任务"来做，才能够不断吸引用户购买和使用。更详细的介绍可以参考他的专著——《创新者的任务：颠覆性创新理论的行动指南》(后面简称为《创新者的任务》)。

⊖ 本书已由机械工业出版社出版，中文书名为《点石成金：访客至上的网页设计秘笈》，ISBN 为 978-7-111-48154-6。——编辑注

1.4.2 用户研究现状

用户研究早期从欧美发展起来，目前仍处于蓬勃发展阶段。它的发展主要由三种力量推动——科技巨头力量（大型科技公司）、社会力量（行业协会和行业咨询公司，从业者交流平台）、政府力量（推广普及用户研究和体验）。

1. 科技巨头力量

大型科技企业是推动用户研究发展的重要力量。美国硅谷的科技巨头 Facebook、Apple、Amazon、Google 等企业首先从公司领导人层面，自上而下推广用户体验及研究，这些科技企业都有大批从事用户研究的人员，并且设立了专门的相关组织。在它们的带动和影响下，大量的中小企业也在建立用户研究团队。

Facebook 的用户研究组织相对透明，它的用户研究团队的名称是 Human Computer Interaction & UX（人机交互与用户体验），组织中的具体人员和人员对应的头衔都可以在官网中看到。在 2021 年 10 月查询时我发现：整个组织中以 UX Researcher（用户体验研究人员）、Qualitative Researcher(定性研究人员)、Quantitative Researcher（定量研究人员）为头衔的人员就高达 160 人，可见其用户研究团队是人才济济。难能可贵的是，其研究成果也会在官网上公开发表，从研究领域来看，Facebook 对 VR（Virtual Reality，虚拟现实）/AR（Augmented Reality，增强现实）的研究是非常多的。

Amazon 从创立之初就极度关注用户。Amazon 的 CEO 贝佐斯在每年写给股东的信中都会提及他对用户的理解，他在 2013

年写给股东的一封信中说道："主动取悦顾客将会换取他们的信任，我们将从这些顾客身上赢得更多生意，即使是在一些新业务上（我们也能够赢得顾客）。从长远的眼光来看，顾客的利益和股东利益是一致的。"他还最早提出了一个词"Customer Obsession"（客户至上）。他在一次采访中进一步说道："（我们的核心价值观中）第一和最重要的就是客户至上而不是竞争对手至上，我看到有的公司声称是聚焦于客户的，但是当我仔细进一步观察，发现它们是聚焦于竞争对手的，那完全是另外一种心态。"Amazon 在其公司内部的各个业务模块（如 Alexa 智能音箱业务、汽车业务、智能眼镜 Echo Frame 业务、电商业务、Prime 会员业务、云业务等）中都设置了用户研究人员。更重要的是，Amazon 2021 年还在公司内部推出"用户体验研究和设计技能"员工培训计划，一方面为了提升员工的职场竞争力，另一方面当员工学到相关技能后，也将在实际工作岗位中提升产品的用户体验。这表明，Amazon 已经将用户研究、用户体验视为员工的基本技能。

至于 Apple，很多人认为它不做用户研究，但是如果我们仔细分析乔布斯的讲话和一些相关资料，就会很容易发现上述说法是完全错误的。首先，对于用户研究和用户体验，Apple 是开山鼻祖般的存在。前文提到，Don Norman 是第一个提出"用户体验"的人，当时他就在 Apple 工作。在乔布斯 1997 年重返 Apple 不久，在当年的 WWDC 大会（WorldWide Developer Conference）演讲中，有人向他问了一个技术细节，有点故意刁难的意思。乔布斯在回应中阐明了他对技术和用户体验的看法："我们应该从用户体验出发，再返回来看需要什么样的技术，而不能从技术出发考虑如何将这个技术卖给用户，我可能比在座的任何人都犯过更多的类似错误……Apple 的出发点（应该）是我们能给用户带来哪些不可思议的好处，我们要把用户带向何方，而不是说我们与一群工程师坐在一起讨论我们有什么伟大的技术，如何把技术推向市场。"

乔布斯不仅有这样的理念，也会实际去践行。例如，2010年乔布斯在发布第二代 Apple TV 的时候就曾说过这样一段话："Apple TV 是 4 年前发布的，但是一直没有成为热卖产品，我们找了一批使用 Apple TV 的用户，发现他们喜欢这款产品，使用得也很频繁，过去 4 年我们从用户身上学到了什么呢？"他接下来列举了 7 点用户调研的结论，主要说明了用户想要什么（想有好莱坞的电影）、不想要什么（不想管理存储空间，不想要另一台电脑）。随后他又从这些用户需求出发讲述了第二代 Apple TV 的主要卖点。其实乔布斯所讲的调研就是产品上市后的回访研究。当然在 Apple 内部，Apple TV 算不上是一个成功的产品，也有可能是这种不成功促使乔布斯更加关注用户到底想要什么。最近几年，我们经常看到 Apple 通过发问卷的形式做用户调研，所以我们非但不能说 Apple 不做用户研究，更应该说它是非常重视用户反馈的。

另外，我们从 Apple 的公开招聘信息中也能看到它招聘用户研究相关人员的启事，如图 1-6 所示，这更加表明 Apple 对用户研究岗位的布局是实实在在的。它招聘的用户研究相关岗位包括人因设计研究人员、用户体验研究人员等。从招聘信息的描述中我们可以发现，这些岗位不仅服务于软件和硬件产品研发，也服务于更广泛的领域，例如算法开发、包装设计甚至线下零售体验等。可见 Apple 是全方位、全触点地关注用户体验和用户研究的。

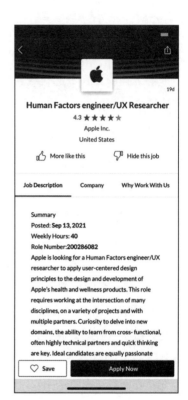

图 1-6　Apple 在招聘网站 glassdoor 上发布的用户研究岗位招聘启事

Google 公司有著名的十大信条，其中第一条便是 Focus on the user and all else will follow（以用户为中心，其他所有一切都纷至沓来）。可见它认为关注用户、以用户为中心是一切的源泉，是"因"，有"因"才有"果"。它对于研究和测试是有些"痴迷"的。2009 年 Google 的一位资深设计师 Douglas Bowman（据说他是 Google 的第一个 GUI 设计师）辞职了。后来他在一个博客上贴出了自己的辞职理由："当团队对两种蓝色拿捏不定时，就选了 41 种蓝色看哪种表现更好，当我跟别人争论到底边框宽度应该是 3 个、4 个还是 5 个像素时，别人要求我（用数据）证明我的选择是正确的。我无法在这种环境下工作。"诚然这种有点近乎变态的做法会限制设计师的发挥，但是至少表明 Google 公司在那时就十分重视测试，坚持从真实的用户反馈中选择最佳方案。Google 有一个用户研究人员 Tomer Sharon 出版过两本专业书籍，书名分别是 *Validating Product Ideas* 和 *It's Our Research*，第一本有中文译本，书名为《试错：通过精益用户研究快速验证产品原型》。通过他的书籍和其他 Google 用户研究人员的描述，我们可以了解到 Google 非常奉行"敏捷用户研究"的理念，即在短时间内快速通过调研解决团队面临的问题。

用户研究在中国起步较晚，21 世纪初才进入国内，但是发展迅速。腾讯、华为、网易、TCL、长虹是较早建立用户研究团队的企业，它们多数是在 2005 年前后成立相关团队的。经过十几年的发展，用户研究在国内逐渐发展壮大。当前用户研究初具规模的企业主要有三类：第一类是以腾讯、阿里、京东、字节跳动、百度为代表的互联网公司，围绕企业的各类互联网服务而设立用户研究团队；第二类是以华为、OPPO、vivo、TCL 等为代表的硬件公司，围绕公司硬件产品和相关的软件产品设立了数量众多的用户研究组织；第三类是一些中小型企业，受到大企业影响，它们逐渐意识到用户研究的价值，开始设置或者正在考虑设置用户研究团队。

2. 社会力量

社会力量方面，欧美有大量的行业协会、咨询公司和从业者交流平台，规范了用户研究行业的发展，提升了从业者的职业技能，普及了用户研究的理念。行业协会方面，之前讲述用户研究发展史中提到的用户体验专业协会（UXPA）和人因工程协会（HFES）的影响力都非常大。行业内的咨询公司中比较有影响力的包括：由首次提出用户体验的 Don Norman 和可用性专家 Nielsen 联合创办的 Nielsen Norman Group；设计咨询公司 IDEO 在用户研究领域也有较强实力，它还运营了一个专门的用户体验博客网站——The Octopus（网址为 www.ideo.com/blog）；还有 HFI（Human Factors International，人因国际）、MeasuringU、User Research International、UX Mastery 等咨询公司。中国与国际接轨，也成立了 UXPA（用户体验专业协会）中国、IXDC（国际体验设计大会）等。这些组织一般每年都会举办年会，吸引了成千上万的从业者参与大会、交流心得体验。

3. 政府力量

政府力量方面，欧美政府层面也在推动用户研究行业的发展。随着政府服务数字化、网络化的兴起，美国和英国在政府团队内部建立了用户研究团队，开启了政府通过用户研究和用户体验提升线上、线下公共服务的先河。

美国从行政层面颁布了多项命令和法案来提升政府服务水平。2011 年美国政府签署了 13571 号行政命令"Streamlining Service Delivery and Improving Customer Service"（让服务更加顺畅，改善客户服务），要求各机构通过互联网更好地满足用户需求。2015 年 12 月，美国政府又签署了另外一个行政命令"Using Behavioral Science Insights to Better Serve the American People"

（使用行为科学更好地服务美国大众），明确提到联邦政府制定政策和计划时，要充分考虑用户如何参与、使用政策和计划，以及他们对政策和计划的反馈。为了让公众更好地理解政府文件和政策，美国政府在 2010 年还推出了《平实语言写作法案》（Plain Writing Act of 2010），目的是规范政府部门写作，确保公众看得懂。

为了让政府部门在线上产品开发过程中考虑到用户体验，联邦政府机构开始提供培训和信息资源，当然有的也是对公众开放的。美国总务管理局（General Services Administration，GSA）运营的 Digital.Gov 平台为政府各个机构提供了用户体验和研究相关的资讯与方法，也提供了大量的实用工具，例如用户体验工具箱（User Experience Toolbox）这个栏目下就有人物角色、任务分析、用户体验地图等工具的介绍和模板。另外，总务管理局还运营着 Usability.gov 网站，这是一个有关可用性的网站，网站上详细介绍了很多可用性测试方法，也提供了大量研究中需要用到的模板，例如用户知情同意书表格、测试计划和可用性报告的模板。以上网站大部分内容都是对公众开放的，可以为从业者提供很好的参考。另外，联邦政府机构也会针对联邦、州政府雇员进行用户体验和研究的培训，让政府开发的"产品"更好地服务大众。

美国政府除了颁布行政命令、普及用户研究和用户体验相关知识之外，还会在一些部门招募用户研究人员，建立用户研究团队。美国总务管理局（GSA）和美国劳工统计局（Bureau of Labor Statistics）有专门的用户研究团队和人员。其中美国总务管理局下设一个叫"18F"的组织（网址为 18f.gsa.gov），这是一个技术和设计顾问性组织，目的是在联邦、州和地方政府的政府部门的软件开发中融入"以用户为中心"的设计理念，提升公共服务的质量和效率。18F 与美国司法部合作的一个案例是：在美国如果有人觉得自己的人权受到侵犯，可以到司法部网站进行投诉。但是之前的投诉入口很多，有时候用户填写的信息并不全面，给执法带来很大困难。通过 18F 的介入，司法部在充分了解问题的基础上，最终设计了一个统一的、易用的投诉流程，使得用户可以更容易地讲述自己面临的问题，司法部也可以更容易地分门别类处理投诉，提升了处理效率。

与美国的情况类似，英国的很多政府部门也配置了用户研究人员。例如，英国内阁府（Cabinet Office）下设一个 GDS（Government Digital Service，政府数字化服务）组织，致力于为民众创造简单、协同和个性化的数字服务，截至 2021 年已经有 11 名用户研究人员。打造政府服务这样一个复杂的数字化平台，确实需要用户研究的参与。实际上在英国政府的各个部门（例如教育部和司法部）中，也有用户研究人员，目的是帮助政府更好地做好司法和教育服务。

1.4.3 用户研究展望

用户研究作为一个研究人的需求和偏好的行业，我认为会长期存在，且会不断发展。我们从用户研究的应用领域广泛性、从业人员数量和重要性三个维度来展望未来的用户研究。

应用领域不断拓展：用户研究作为一种基本的能力和要求，

是随着行业的发展而进行布局的，也就是说行业发展到哪里，用户研究就在哪里。过去二三十年在互联网、软件、硬件等领域快速发展的背景下，用户研究也顺势在这些业务中发挥作用。当下和未来一段时间随着虚拟现实（VR）、增强现实（AR）、人工智能（AI）的发展，用户研究也将做出独特贡献。你可能会问：为什么人工智能也需要用户研究的介入呢？毕竟人工智能本来就是要取代人的思考给出最优方案的。其实人工智能是要服务于人的，而不是让人去适应人工智能，甚至成为人工智能的"奴隶"。像近些年人工智能应用最广泛的推荐算法，到底是对人有利还是有害？用户的感受如何？有一种声音说这种推荐算法把人束缚在一种"信息茧房"里，让人的视野越来越狭窄，那么，用户真实的体验如何？这都是值得研究的课题，这些问题的研究结果能够对人工智能技术的发展提供参考。

从业人数不断增多：可用性专家 Nielsen 预测，到 2050 年用户体验工作人员的总数将达到 1 亿。他的预测并不是凭空想象的，他将 1950 年用户体验工作诞生到 2050 年的 100 年分为了三段：第一段从 1950 年到 1983 年，用户体验从业者从 10 人增长到 1000 人，增长了 100 倍；第二段从 1983 年到 2017 年，用户体验从业者从 1000 人增长到 100 万人，增长了 1000 倍，这段时间人数激增主要是因为 PC、互联网的崛起；第三段从 2017 年到 2050 年，Nielsen 认为增速不会像 1983~2017 年那样达到千倍，可能更类似于 1950~1983 年的百倍增速，据此推断 2050 年用户体验从业者人数将达到 1 亿。当然用户体验不等于用户研究，在用户体验工作人员中，用户研究人员的占比约为 10%~20%。那么按照上述推断，2050 年用户研究人员可达千万左右。不可否认，这样的计算方式是一种典型的线性思维——根据过去的增长情况预测未来的增长，可能并不准确。但是行业的前景是乐观的，因为未来不管涌现出什么新科技、新产品，本质上都是服务于人的，而如何让产品和科技更好地服务于人，正是用户研究人员要回答的终极问题。

重要性不断提升：在产品同质化越来越严重的今天，体验也变得越来越重要，只有加强对用户的体验研究才能创造新价值。美国作家约瑟夫·派恩（B.Joseph Pine Ⅱ）和詹姆斯·吉尔摩（James H.Gilmore）在1999年写过一本书——《体验经济》，他们认为人类经历了货物经济、商品经济、服务经济三个时代，现在已经进入体验经济时代。他们举了一个生动的例子，如表1-1所示，针对给小孩庆祝生日这件事情，处于不同时代的人们的庆祝方式完全不同。在货物经济时代，妈妈们会花几十美分买一些面粉、鸡蛋之类的原材料，自己动手做蛋糕。在商品经济时代，她们会花1～2美元去买一些预先混合好的成包材料来做蛋糕。在服务经济时代，她们更愿意花10～15美元去蛋糕店定制一个蛋糕。在体验经济年代，父母既不做蛋糕，也不举办生日会，而是直接花100美元将过生日这样的活动外包给一些儿童娱乐公司，给小朋友创造一种难忘的记忆。举办活动要花100美元，而买一个蛋糕仅需要10～15美元，为什么会有这么大的差距？这正是体验所创造的价值差异，人们越来越倾向于买体验，而不仅仅是买服务、买商品。当体验越来越重要的时候，对体验的研究当然也会变得越来越重要。

表 1-1 几种经济形式时代的对比

经济形式	货物经济	商品经济	服务经济	体验经济
经济功能	提取	制造	提供服务	提供舞台
产品形态	可替代物	可触摸的实物	不可触摸的非实物	给人留下记忆
关键要素	自然的	标准的	按需提供	一段时间内提供
卖者	交易商	制造商	提供商	熟练的人
买者/服务对象	市场	用户	客户	客人
需求要素	特性	功能	利益	感受

迪士尼前副总裁李·科克雷尔说的话更加直接:"体验经济时代,卖什么都是卖体验。"当然不是说卖什么都是只卖体验,而是说卖任何商品都包含了卖体验,体验已经"内嵌"到所有商品中,成为其重要的一部分。未来客户体验对企业的成功作用有增无减,企业想要赢得客户,单靠优质的产品、精良的技术、高效的运营流程和实惠的价格是远远不够的。消费者将逐渐成为未来市场的掌控者,市场交易的天平已经从卖方转向买方。

新调研技术不断涌现,包括眼动、脑科学研究等新技术逐渐应用于用户研究领域。传统的调研方法高度依赖用户回应(填问卷、回答访谈者问题),这些都建立在人们了解自己的需求和想法的前提之下。然而人们有时候并不了解自己,新技术可以弥补这个缺陷。眼动技术已经开始应用于网页和手机的可用性研究。例如,如图 1-7 所示,通过眼动研究,发现用户注视页面时关注的焦点区域呈"F 型"分布,这可以帮助网页设计者按照"F 型"布局最关键的信息。近年来便携式眼动仪还可以用于线下零售动线的用户研究。

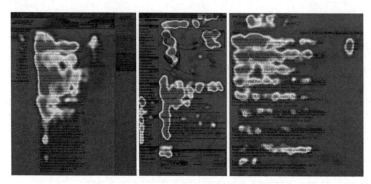

图 1-7　用户对于网页关注的焦点区域呈 "F 型" 分布

　　脑科学研究中的近红外和脑功能成像等技术也可以助力用户研究。功能性近红外光谱成像（functional Near-Infrared Spectroscopy，fNIRS）技术具有可移动、成本较低、舒适便携等特点，研究人员已经将其应用于更真实、更贴近自然环境的研究中，如应用于城市中行走、驾驶汽车、使用飞机模拟器飞行、打乒乓球、弹钢琴以及逼真的杂货店购物场景中。在脑功能成像方面，加州理工学院的 Steven Quartz 教授设计了一套预测电影市场表现的脑成像测试方案。根据传统的调研方法，很多女性表示不喜欢某位原来是摔跤手的动作明星，但是当这位明星出现在屏幕上时，脑成像却清晰地显示，女性观众大脑中与容貌吸引力有关的脑区频繁 "放电"，这表示这位明星仍然受女性喜爱。

1.5　用户研究人员应该具备的素养

　　用户研究作为公司内部的一个岗位，从工作流程来说，分为三部分：用户研究前的需求沟通，用户研究执行与分析报告，用户研究后的落地。当然，中间的用户研究执行与分析报告部分是用户研究专业性最直接的体现，直接关乎用户研究的质量，这是用户研究的"硬实力"。但是用户研究前的需求沟通和用户研究后的落地也非常关键，因为只有这两部分工作都做好了，才能让用户研究"无缝嵌套"进公司的产品开发体系中，成为整套体系的有机组成部分，这是用户研究的"软实力"，可以帮助我们更从容地做好用户研究。

1.5.1　用户研究需要的 3 个"硬实力"

1. 逻辑思维能力

用户研究的本质在于"研究"，需要遵循研究的逻辑，否则调研结论的可靠性将无法得到保证。在用户研究中，逻辑思维是贯穿研究始终的，包括研究方案设计、数据和资料收集、数据分析、报告呈现等方方面面。例如，在研究方案设计方面，"样本应该按照什么逻辑选择才能够更有代表性"这个问题就决定了整份研究是否可信、可靠。再如，在报告呈现方面，我们也要按照一定的逻辑进行：整份报告分为几部分，这几部分的逻辑关系是怎样的，每一部分内部先讲什么后讲什么，等等，要让读者更好地捕捉到报告中的有效信息。

2. 分析鉴别能力

对定量和定性资料的数据分析是用户研究的基本技能，但是这里重点要提一下分析鉴别能力。我们在调研中，不管是定性还是定量研究，用户的反馈纷繁复杂，也有可能有漏洞，通过分析鉴别，去粗取精、去伪存真，我们才能够捕捉到真相。市场调研界有位专家说过："我们在面对调研对象时，就像'审讯员'面对'嫌疑人'一样，必须要跟他斗智斗勇，想方设法从他身上获取真相。"虽然这种说法有一些夸张，但是形象地指出了分析鉴别能力在调研中的重要性。要从用户反馈的信息中鉴别出哪些是真实的，哪些是虚假的，哪些是重要的，哪些是相对不重要的，对研究人员来说都是巨大的挑战。

3. 总结提炼能力

用户研究产生的数据非常多，研究报告不可能面面俱到，需要我们提炼核心的观点。但是我们做总结提炼时要注意适度，不能把用户观点提炼得面目全非，既要忠于用户，又要有我们自己的观点。总结提炼很像做菜，既要保留菜品原来的味道，又要通过我们的烹饪技术让菜品更加可口。比如，我们呈现研究报告时，一般一页 PPT 内容是这样布局的：顶部是结论，这是我们提炼的内容，底下是数据图表或者用户的代表性原话。这样的构成既保留了调研材料的"原汁原味"，又增加了我们的观点。

1.5.2 用户研究需要的 4 个"软技能"

1. 沟通与合作

沟通与合作包括内部沟通合作和外部沟通合作。从内部来说，需要跟各个部门对齐业务需求，排出需求的优先级，同步研究进度，汇报研究成果，这里面每一步都需要沟通。从外部来

说，我们需要跟各调研公司进行沟通（很多时候需要将一些项目
外包给调研公司），跟用户进行有效沟通，否则很难问出我们想
要了解的问题。

2. 影响力

用户研究很像一种说服工作，说服大家去行动。用户研究成
果要落地，就需要说服公司管理层、产品经理、运营人员、设计
师等根据研究结论做出相应的改变。每个人都有自己的想法，用
户研究人员需要有理有据地把用户研究的发现讲给他们听，只有
让他们从心底里接受，用户研究成果才会真正落地。

影响力的另一种体现就是在公司内部传播用户体验和研究的
文化。Apple 的用户研究人员被称作 " UX Evangelist"，也就是
用户体验布道者，可见公司更希望他们像布道者一样将用户体验
的理念传播给每个人。要想做出用户喜欢的产品，仅凭用户研究
人员的努力是不够的，还需要公司上上下下、各个岗位的人都有
用户研究思维，每个人都要为用户多想一点。用户研究和体验相
关从业者还要肩负传播用户思维的职责，这样才能将用户思维在
公司层面放大。

3. 对业务的理解

虽然用户研究的研究对象是用户，但是它的服务对象却是业
务部门，所以用户调研结果最终只有转化为业务洞察、业务行动
才会发挥作用。我们在一个什么行业、什么部门里，就要不断加
深对这个行业和部门性质的理解。否则，一方面会造成用户洞察
难以转化为有效的业务需求或者行动，另一方面还会使得我们对

用户的反馈不敏感，错失发现重大机会的可能性，容易在调研中产生"视而不见，充耳不闻"的问题。

假设你是一名支付产品的用户研究人员，你走访了很多快餐商家，发现就餐高峰期很多人在收银台前排队买单，等候取餐，很多人在一起排队，效率很低，商家和顾客对此都很头疼，怎么办？如果你不够敏感的话，甚至不会觉得这是问题，人多本来就需要排队，似乎天经地义。但是微信支付团队却能够敏锐地意识到这个问题，既然是在收银台出现了问题，而微信支付又是做支付的，如何能解决排队问题而又提升微信支付使用量呢？有了这些思考之后，该团队逐渐探索出了餐桌扫码点餐功能，用户到店后可以直接坐下来扫码点餐，而不再需要排队了。这是一个一举两得的方案：一方面用户不用排队了，另一方面提升了微信支付在快餐领域的渗透率，吸引了很多原来在收银台用现金和支付宝支付的用户。经过小规模试点后，团队发现商家有动力配合推广，用户很喜欢这种免排队的支付方式，门店微信支付交易量比扫码点餐功能上线前有了较大的增长。所以微信支付团队决定在全国范围内推广扫码点餐的方式，并且为了培养用户扫码点餐习惯，配置了运营活动，如微信扫码点餐买单立减 5 元等。如今在大大小小的餐馆，这种点餐方式已经成为行业标配，微信支付在餐饮行业获得了巨大成功。这一切都源于团队成员对行业的敏感性，以及对自己业务的敏感性，结合起来思考才会产生好的解决方案。

那么，有没有办法可以让我们快速了解行业知识呢？有的，我们可以借鉴 IBM 的战略洞察框架，该框架主要包括以下几个部分。

1）看宏观：如国家大政方针，法律法规，人口、经济、技术的变革和演进，都属于宏观环境。就像要研究一类鱼，需要研究它生活的水域一样，研究用户、产品需要在大环境中看问题。我们要理解微信的普及，就不能不考虑 3G 普及这个宏观环境；要理解抖音的崛起，就不能忽视 4G 的发展。我们如果要去欧洲推广 App，就不能不考虑 GDPR（General Data Protection Regulation，通用数据保护条例）这样有关数据保护的法律法规。在中国做消费类产品，就不能不考虑如下事实：中国已经进入人均 GDP 超过 1 万美元的时代，人们的消费心理和需求发生了巨大变化。放眼未来，不能不考虑单身人口越来越多，老龄人口变多、年轻用户数量变少等人口因素对自己所处行业产生的深远影响。

2）看行业：如行业发展趋势、价值转移趋势等。例如，中国的手机行业在 2013 年左右出现了一个由运营商合约机主导到公开市场主导的大转折。2013 年之前运营商合约机是重要的销售手段，一些手机厂商通过运营商深度绑定实现手机业绩增长，但是在 2013 年之后公开市场逐渐占据主导地位，合约机这种合作模式不再奏效。转折前后人们对手机的要求大不相同，如果不能很好地适应这种变化，就很容易走向衰落。我们可以明显地看到，国产手机的主要玩家从"中华酷联"（中兴、华为、酷派、联想）变成了"OV 华米"（OPPO、vivo、华为、小米）。用户不单是一个个体，用户的选择、偏好和态度会受行业变化的影响，如果用户研究人员能及早了解到这种变化并通过调研洞察到用户对行业变化的态度与观点，可以向公司业务预警，帮助公司及时做出应对预案。

3）看竞争：大部分企业都有看竞品的动作，也很重视竞品分析、竞争对手情报收集。这一点不需要过多强调，但我觉得应该弱化一些，看竞品本身并没有错，但是不能事事都盯着竞品，甚至被竞品牵着鼻子走。

4）看用户：包括看用户需求、用户态度与观点、用户行为习惯。这是我们作为用户研究人员最擅长的研究视角，所有的用户研究项目都是在看用户，这里不做进一步介绍。

5）看自己：就像同样的治疗方案对不同人的疗效大不相同一样，所谓"甲之蜜糖，乙之砒霜"，出现这样的情况，原因在于并没有一套标准的治疗方案可以适用于所有人。俗话说：鞋子合不合脚，自己穿了才知道。任何理论、方案都要和自己的实际情况相结合，而不能生搬硬套。我们能做什么？擅长什么？我们未来要朝哪个方向走？这些都对我们的方案落地有很大的影响。

当然以上只是一个思考框架，旨在提醒我们注意收集多方面的信息，加深对行业的理解，这样提出的解决方案才会更具有落地的可能性。但是，我们需要注意更多的信息不一定带来更好的决策，甚至可能导致决策失误。当我们收集到充足的信息之后，也需要分析鉴别哪些信息是重要的、相关性强的，哪些信息是无关紧要的，这样才能不被信息所"淹没"。

4.好奇心

用户研究的一个重要作用就是发现"新知"，好奇心驱动我们从寻常中发现新奇，从而带来新的产品机会。例如，在用户深度访谈过程中，要通过多问为什么，让用户更详细地描述自己的深层想法和动机，从而帮助我们加深对用户的理解。在数据分析时，好奇心也会驱动我们持续对数据进行挖掘，以发现好的洞察。

举一个好奇心驱动而发现解决方案的案例。20 世纪 90 年代，Jerry Sternin 被邀请前往越南，解决当地儿童营养不良的问题。他阅读了大量资料，研究报告普遍认为，营养不良是一系列问题综合作用的结果：卫生状况差，生活贫困，清洁饮用水缺乏，农村居民往往不重视补充营养。这些发现都是正确的，但是如果从这些问题入手想解决方案的话，恐怕短时间内很难解决问题。于是，他把目光转向那些营养状况相对较好的儿童。为什么同样条件下有的儿童还能够保持营养充足呢？导致这些儿童营养状况好的措施是否可以批量复制到所有儿童身上？经过一系列调查，他发现这些营养状况好的儿童的母亲的喂养方式非常不同，她们通常一天喂养四次（大部分人喂养两次），而且会在儿童的米饭中添加从田地里抓来的小虾蟹（当地人认为虾蟹类食品不适合给儿童吃）。通过找到这些关键不同，Sternin 找到了这些儿童营养状况较好的密码。这就是好奇心驱动下逐步挖掘找到可行解决方案的过程。好奇心可以避免我们浅尝辄止，避免我们仅仅停留在问题表面。

|第2章| CHAPTER

用户研究流程与步骤

　　用户研究的流程，与准备一桌丰盛的饭菜招待朋友的流程，在本质上是一样的，下面把两者做一个有趣的类比。任何一个用户研究项目，一般都需要经历以下5步。

　　1）明确研究需求：准备饭菜之前先问朋友想吃点什么，喜欢什么口味，有无忌口。

　　2）根据研究需求，制定研究方案并进行前期准备：根据朋友的口味，确定应该准备多少道菜，多少肉菜，多少素菜，多少主食，每一道菜如何烹饪。

　　3）收集数据和素材：根据朋友想吃的东西、口味，以及烹饪方法，去菜市场买菜、肉、调料等。

4）分析数据并提炼结论：把买回来的食材清理干净，切好备用，加入适当的调料，运用烹饪技巧，进行烹饪。

5）呈现报告：把饭菜端上桌让朋友品尝。

当然，实际工作中，有的步骤可以省略或者从简，比如呈现报告环节，如果是小型调研项目，可能只把主要结论以 Word 甚至 Excel 的形式发送给业务方作为决策依据就可以了，并不一定非要写一份详细的 PPT 格式的报告。

由于本章的主题是用户研究流程与步骤，因此这里只是带你了解如何从 0 到 1 完成一个用户研究项目，先勾勒一个轮廓，不会涉及太多细节，至于更加详细的内容，在以后的章节中会介绍。

2.1　明确研究需求：如何提出一个好问题

下面我们主要从定义问题和细化问题两个方面，来说明如何明确研究需求。

2.1.1　定义问题

爱因斯坦曾经说过，如果他只有一个小时来解决某个问题，他会用 55 分钟思考问题，5 分钟思考解决方案。虽然这种说法看上去有一些夸张，但是在刚开始进行用户研究时，搞清楚要研究的问题至关重要。研究问题永远是我们做研究的起点，一个好问题的价值大过好的答案。一个错误的问题不可能导向正确的答案，只有问对问题才能找到真正的解决方案。

用户研究的第一步是对"研究问题"的研究，要参与定义研究问题，而不是被动地接收业务方的问题，直接拿着别人给定的研究问题去埋头做事情。当我们从业务方那里拿到一个研究问题的时候，一定要用批判性思维去看待问题本身。

我们可以从以下几个角度思考业务方提出的问题。

1）问题的真伪：这个问题真的存在吗？问题本身是不是错误的？——过滤掉假的问题。

2）问题的重要性：业务方为什么关注这个问题？问题本身是不是重要的？——从全局角度看这个问题是否重要。

3）问题背后的假设：这个问题有没有隐含的假设？——看问题背后是否有错误的隐含假设。

4）问题中是否有解决方案：这个问题是否包含了解决方案？——如果有的话，要通过了解解决方案背后的动机进一步挖掘问题。

下面我们结合案例逐步讲一下这四个问题。

1. 这个问题真的存在吗？问题本身是不是错误的？

有时候业务方给我们提的需求本身是不存在或者错误的，这听上去很不可思议，却实实在在地发生着。曾经有位产品经理找到我，希望我调研下为什么用户不喜欢其产品。其实后来我发现这是一个典型的错误问题，为什么呢？因为经过分析后台数据，我发现这个产品的用户留存率并不低，这就间接说明了真正用过产品的用户并非不喜欢这个产品，或者说至少不讨厌。但是当时这个产品的知名度并不高，知道这个产品的用户很少，有的用户虽然知道却不太清楚如何使用，导致使用量很小。可见，问题并不是用户不喜欢这个产品，而是用户不知道或者不会用这个产品。所以我们研究的问题应该是：为什么用户很少使用这个产品？如果我们不假思索地去调研业务方提的需求，在一个错误的问题上继续钻研，当然不会有正确的结果。

2. 业务方为什么关注这个问题？问题本身是不是重要的？

有时候业务方并不"彻底"了解自己真正的需求，这会给研究带来很多"坑"，需要用户研究人员像挖掘用户需求一样，去"挖掘"业务方的需求。业务方一开始提出的需求可能是片面的，并没有发现问题的本质。比如业务方提这样一个需求：在我们的 App 上完成注册的用户为什么后面不使用了？表面上看，业务方的需求是要了解注册了的用户为什么不用了，实际上更深层的问题是：如何提升产品的用户数和使用频率？如图 2-1 所示，用户使用 App 前不仅要注册，还要先经过前面的两步：知道这个 App 并且下载。要提升 App 的使用频率和留存率，需要关注用户全流程，而不是像业务方提出的那样，只关注从第三步到第四步之间的注册而不使用的问题。从知道 App 到下载 App 的转化率为 400/1000＝40%，从下载到注册 App 的转化率为 200/400＝50%，这两个环节的转化率均不高，都需要关注。

考虑到业务方的最终目的是提升产品的用户数和使用频率，那么用户研究就应该聚焦全流程用户流失原因，至少应该考虑以下几个问题：

1）用户为什么知道 App 而不下载？

2）用户为什么下载了却不注册？

3）用户为什么注册了却不使用？

4）用户为什么用了一次就不再使用了？

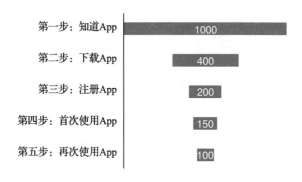

图 2-1　用户全流程留存 / 流失图

我们要从业务方的需求出发，结合其业务目标，多去思考真正的问题是什么，他们提的这个问题是否重要。在一个不那么重要的问题上花费太多精力，注定是一件投入产出比很低的事情。很多公司都采用 OKR(Objective and Key Result，目标与关键结果）的方式管理目标，这也是用户研究人员了解业务目标的一种方法。它让我们知道整个部门的工作目标是什么，我们要做的用户研究项目到底在业务目标和关键结果过程中发挥着什么作用。

有人可能会认为这样做会把研究问题搞得越来越复杂，不聚焦。我的观点是，在进行研究之前，全面剖析问题是十分必要的。我们只有全面地了解问题，才能更好地与业务方进行沟通，发现其真实需求。如果业务方坚持只关注他们最初提出的问题，那么我们可以根据他们给出的调研问题去制订相应的调研计划。但是，如果我们在一开始没有充分思考、全面了解情况，那便是一种失职。根据我的经验，很多情况下，当我们全面列出问题后，业务方会倾向于做全面的调研。

3. 这个问题有没有隐含的假设？

如果研究问题中有隐含的假设，那么我们首先要找出假设，然后确认假设是不是真的成立。有的假设很隐蔽，不一定能立刻发现。有个脑筋急转弯是这样问的：兰州的省会是哪里？这本身就是一个错误的问题，隐含着"兰州是一个省"这样一个错误假设。但是很多对中国地理不太熟悉的人可能识别不出来这个错误假设，想来想去也找不到答案，也不可能有答案。表 2-1 列出的是业务方经常提出的一些研究问题及其背后可能隐含的假设。如果我们不把问题背后的假设挖掘出来，并在研究中进行验证，就不能帮助业务方真正解决问题。

表 2-1　研究问题及其背后的假设

研究问题	问题背后的假设
为什么用户如此喜欢竞品 A？	用户喜欢竞品 A
产品最近到底出现了哪些问题？最近的后台支付量一直上不去	产品出问题导致支付量下降
为什么我们的产品竞争力比友商的强，但用户更喜欢友商的产品呢？	1）我们认为产品竞争力好于友商，用户是否也这么认为 2）产品竞争力强弱影响用户喜好
为什么近期开展了很多运营活动，用户还是不使用我们的产品？	1）用户知道我们最近在搞活动 2）运营活动能够促使用户使用

4. 这个问题是否包含了解决方案？

研究问题中最好不要包含解决方案。如果问题中带有解决方案，需要多沟通、多挖掘，找到问题背后的真正需求。下面这段对话可以帮你体会问题中包含解决方案会带来的一些误解。

> 甲：你有剪刀吗？
>
> 乙：没有，你找剪刀干什么？
>
> 甲：我刚收了个快递，需要开下箱子。
>
> 乙：哦，我这里有钥匙，也可以划开箱子。
>
> 甲：嗯，太好了，那拿来我用下。

这段对话中，甲一开始并没有说出自己的最终目的，而是自己先想了一个解决方案，然后围绕这个解决方案跟乙展开对话。"剪刀"对于他来说只是一种解决方案，而非实际需求。后面在乙的引导和追问下，甲说出了自己的真实需求和目的，最后用另外的方案解决了这个问题。如果乙没有继续追问的话，甲的问题将得不到解决。

在具体业务中，我们经常遇到类似的问题：用户会不会喜欢这样的交互呢？为什么加一个××功能会提升用户的偏好度？虽然业务方提出的问题也是需要回答的，但是我们一定要了解这些问题背后到底隐藏了什么用户需求，提供了什么价值。要围绕这些问题和用户需求去做调研，而不是只拿业务方给出的方案去调研。

经过与业务方的不断讨论后，问题将会逐步清晰。怎样才算问题清晰呢？一个标志就是我们可以将业务需求转化为调研需求。需求确认好了并且达成共识，才能开展调研。如果一开始需求就不明确，后续很大概率会带来其他问题。

2.1.2　细化问题

当用户研究人员提出了一个明确的、好的问题之后，还需要与业务方一起对需求进行细化。需求细化好了，调研就可以继续开展下去了。那么，我们应该如何细化需求呢？以下几个细化思路可供参考。

第一，通过需求提出的部门确定研究基调和研究角度。众所周知，不同业务部门关注的问题各不相同，这会为我们细化研究内容提供重要依据。例如，品牌部门往往关注品牌形象、品牌提及率、占有率等。产品部门更加关注产品的功能需求、配置、使用场景等。而设计师通常关注可用性、易用性、设计风格与调性。即使是面对同样的问题，不同部门关注的角度也不尽相同。假设我们的问题是：用户为什么不购买我们的产品？品牌部更多会从品牌形象、品牌定位、知名度上找原因，产品部更倾向于从产品体验、功能、配置上找原因，市场部则会从价格、渠道、竞品等角度找原因。要围绕不同部门的不同关注点进行调研，调研完毕之后各个部门才能够根据自己的职责范围开展相应的行动。试想一下，如果产品部门请我们去调研，但调研出来的结论是品牌不够时尚，跟不上潮流，并没有太多有关产品的结论，此时产品部门会有种无力感，只能让品牌部去解决，这样的调研对产品部门来说意义就不大。所以我们要针对提需求的部门的主要关注点适当调整研究内容。当然这里并不是说我们做调研只针对特定部门关心的问题去做，而是说要根据部门属性着重考虑其问题，同时兼顾其他角度。

第二，确认优先级，分清研究的主次。有些业务方想通过一次调研解决所有问题，这时候一定要让业务方确定优先级。每次调研的内容是有限的，不可能对所有关注的问题都做充分调研。一般来说，线下定性访谈超过 1.5 小时，用户和访谈员都会很疲惫。定量研究中也要注意控制问卷篇幅，尽量缩短用户回答问卷时长，如果超过用户的忍耐极限，他可能会乱填一通。任何一个研究都要有重点，重点的问题重点问，非重点的问题简略问，在有限资源的情况下回答最重要的问题。

第三，确定研究范围，这将影响到实际调研中如何进行取样。比如，要选取哪些年龄段的用户，哪些城市的用户？如果是硬件产品的话，我们要关心高端、中端还是低端产品的用户？高、中、低端产品的价格范围是什么？定量研究的话，用户的大致配额如何？这些都需要与业务方讨论并确认清楚。

第四，需要了解业务方目前掌握了哪些数据和结论，这决定了我们在什么样的起点上进行调研。这些数据和结论有的是来自后台数据分析，有的是业务方长年累月形成的业务理解。如果业务方对产品的使用场景已经很清楚了，通过后台数据能了解用户的使用总时长、时间段、频次等，那么就不需要调研有关产品使用的问题，而是重点聚焦用户的使用体验、流失或者留存的原因等方面就可以了。

第五，确定其他的现实问题。例如从时间角度，业务方什么时候需要看到研究结论？从经费角度，研究的预算是什么样的？

从以往的研究角度，目前业务方对用户的理解程度有多深？有哪些已有的现成数据可以用于后面的调研？

表 2-2 是一个以入门级扫地机器人为研究对象的用户研究需求模板示例，在开始研究之前可以先形成这样一份需求文档，然后按照需求开展研究。

表 2-2　用户研究需求模板示例

入门级扫地机器人用户研究需求	
项目背景	公司将启动入门级机器人项目，但是目前对于入门级机器人的目标用户和差异化需求并不明确，希望通过用户研究帮助产品部门更好地梳理目标人群和核心需求
项目目标	1）入门级扫地机器人的目标用户群特点 2）入门级扫地机器人用户购买和使用特点，用户差异化需求有哪些
需求部门 / 接口人	产品中心 / 张 × ×
已有数据 和资料	1）市场数据显示，目前 1500～2500 元价位段最热卖的产品是 A 品牌的 a1 款和 B 品牌的 b3 款，占据该价位段的 70%。这两款热卖产品的大致用户特点是：× × × × × × 2）根据第三方调研数据，用户最喜欢 a1 款的 × × 功能和 b3 款的 × × 功能 3）以往我司调研 3000～4000 元价位段的用户时，有 × ×% 的用户反馈价格较高，希望能有性价比更高的款式
用户条件	1）已购 1500～2500 元扫地机器人的用户或者未来 3 个月计划选购 1500～2500 元扫地机器人的用户 2）鉴于扫地机器人目前主要是由一、二线城市的用户使用，本次调研也主要聚焦于一、二线城市的用户 3）家庭住房面积不少于 70 平方米 4）用户年龄在 50 岁以下，年龄分布与扫地机器人用户的年龄分布保持一致

（续）

入门级扫地机器人用户研究需求	
用户条件	5）用户性别男女各半 6）被调研对象需要是扫地机器人购买的主要决策者，且是主要使用者
时间进度	9 月底前完成调研

2.2　调研方案制定与前期准备工作

当我们确定了调研问题，细化好需求之后，接下来需要制定调研方案，进行前期准备工作。

2.2.1　调研方案制定

明确研究问题并且细化需求后，我们要拟定一个大致的调研方案。调研方案一方面是我们后续调研的行动指南，另一方面是我们前期与业务方进行多轮沟通后达成的共识。调研方案一般由以下几部分构成。

1）研究需求和研究背景：这部分主要回答调研的必要性。

2）研究目标及要回答的问题：这部分主要回答我们研究的主题和主要内容。

3）研究方法：这部分回答我们如何科学地开展调研，主要包括调研方法选择、抽样方法、样本筛选条件、样本配额等。

4）时间安排和预算等：这部分回答时间、预算计划，以及用户的配额等。

制定好调研方案后，非常有必要跟业务方再确认一遍，看是否还有需要调整的地方，如果有则要及时调整。因为一旦项目开始执行，想要再调整会非常麻烦，所以要确保所有的问题在项目执行之前确定。

2.2.2　前期准备工作

当需求确定且调研方案制定好之后，要完成以下几项前期准备工作。

1）用户筛选问卷/用户配额：定性调研对被访者的要求往往比较高，所以需要使用比较多的筛选条件才能选中目标用户。而在定量调研中，样本的配额是需要我们提前确定的，否则后续回收数据过程中可能会出现样本和整体用户不同质的问题，使得样本无法代表整体。

2）用户招募：用户招募有时候需要动态监控，例如，在定量研究中，我们的男女比例是 5∶5，但是调研开始时男多女少，这时候就需要动态调整，后续多招募女性用户，以免最后的样本偏离配额。在定性研究中，找到的用户是否符合条件需要我们人工去做判断，同时调研前还要做好周密的访谈时间安排。

3）拟定访谈提纲/问卷/观察或者实验方案：在定性调研中，我们需要提前拟定访谈提纲。在定量调研中，我们需要做好问卷。做观察和实验也要提前拟定对应的方案。

4）测试相关材料准备：一般来说，对于测试类的项目，我们需要准备测试材料，例如概念测试中的概念需要提前准备好，外观测试的外观设计需要准备好，可用性测试中的测试 App 也需要保证能用、可用。

5）预调研：在时间允许的情况下，我们要尽量做一下预调研，以便及时发现问题，及时改进。例如，最好提前测试下问卷、可用性测试的任务和访谈提纲等，哪怕找同事测试下，以发现一些优化的地方，或者一些我们没有觉察到的问题。一旦开始正式调研，再去发现问题并修改的话就比较麻烦了。

2.3 收集数据

资料收集可以分为一手资料收集和二手资料收集，在用户研究这个语境下，我们调研所得的资料就是一手资料，调研所获得的一手资料之外的资料则统称为二手资料。一手资料的收集，也就是通过用户研究收集数据，这是本书的重点，在本书后面的几章中有详细介绍，这里暂不展开。

这里多花些篇幅介绍一下二手资料的价值和主要来源。二手资料的收集和研究在实际工作中很容易被人忽略，但是又十分重要。研究的深度取决于我们对用户、行业、产品这三者的理解深度，对用户的了解当然主要通过用户研究，但是对后两者的了解多数要通过二手资料来实现。

二手资料的第一个作用是能让我们建立对行业或者产品的基本理解，使得后面的调研更有针对性，调研结论更加深入。有一个比喻可以很好地说明二手资料的重要性：一个人吃了两个馒头没饱，吃到第三个馒头饱了，但是我们不能认为吃前两个馒头是没用的。如果说调研获取的一手资料是给业务的第三个馒头的话，前期收集的二手资料就是前两个馒头。如果我们前期不收集二手资料，调研就变成了第一个馒头，这样吃下去还是不饱的。

二手资料的第二个作用是能让我们的研究结论更加丰富、有力，尤其是把调研的数据和通过二手资料所获取的数据进行对比时。例如，我们调研某个 App 的用户时，发现有 40% 以上的用户是本科及以上学历，单纯看这样一个数字很难得出什么结论。但是我们通过查阅二手资料，发现中国的本科及以上学历人口只占总人口的 10% 左右，对比起来，很显然这款 App 的用户的学历偏高。

二手资料的第三个作用是能帮我们更好地制定调研方案，做好调研准备工作，特别是当我们要调研一个不太熟悉的行业时，这个作用尤其明显。如果我们要做扫地机器人的定量问卷调研，想了解用户在购买时比较过哪些品牌，对比过哪些参数，那么就需要对市场上的主流品牌和用户购机关注点有一定的研究和了解，进而设计出合理的问题和选项。

二手资料包括的范围非常广，调研工作中能用得到的主要二手资料来源列举如下。

1）政府文件、国家和地方统计局资料。针对某个研究课题，政府的政策方针有哪些？有没有已有的统计数据？例如，前些年国家对家电下乡进行补贴，如果我们要做家电相关的调研，就要考虑家电下乡这个政策对用户的购买决策有没有影响。再如，我们要对一款新的互联网 App 进行调研，但是这款 App 对网速要求很高，4G 网络难以支撑。这时我们需要了解目前中国使用 5G

网络的用户有多少，未来会不会快速普及。可以翻阅中国互联网络信息中心的报告了解更多信息。如图 2-2 所示，可以看到截至 2021 年 6 月，中国只有 3.65 亿 5G 手机终端用户，相对中国的总人口来说并不多，但是手机终端连接数量的增长速度还是挺快的。

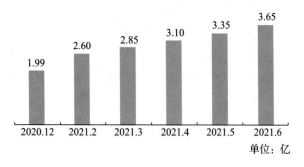

图 2-2　中国 5G 手机终端用户

2）公司内部的共识、决策。比如，我们正在为一年后要推出的产品做目标用户调研，公司内部已经将这款产品的价格定为 1500～2000 元，主要面向三、四线市场用户，所以我们在为调研招募用户时要考虑该价位段上下的用户，用户配额上也要向三、四线用户靠拢，这样才不会跑偏。

3）公司内部以往的调研结论与后台数据。在开展新的研究之前，要看一下公司内部以往有没有做过类似研究，研究结论是什么。在此基础上再确定我们的研究要进一步回答哪些问题。这样才能逐步深化下去。如果公司已经掌握了很多后台用户数据，我们也需要详细了解一下相关内容。例如，如果公司已经建立了比较基础的数据后台，可以获取类似用户画像、用户留存、用户流失、用户活跃情况等资料，那么我们也要提前了解这些数据，这对于下一步的调研工作具有很强的指导作用。

4）公开发行的数据、资料和公开报告，以及公开杂志、报刊等资料。例如，消费电子行业需要关注 IDC、中怡康、Canalyst 的数据和报告，互联网行业要留意 QuestMobile、极光等数据报告。我们也可以在一些用户研究、行业研究的报告平台上搜索、查询与研究主题相关的报告，如 199it.com 这样汇集了大量报告的网站。除此之外，合理利用百度、Google 等搜索引擎也可以帮助我们找到大量有用的资料。

5）产品的网络口碑、购买数据和使用评论等。例如，购物网站上真实用户的使用评论。如果我们要做 App 调研，也可以去应用商城上看一下用户对竞品的满意点和不满意点是什么。总之，不管做什么类型的产品调研，都可以先去看看用户的评论，建立对用户需求和痛点的基础认知。我们可以借助一些评论抓取软件（如八爪鱼等）去批量抓取用户评论，再借助一些词云软件（如图悦等）去生成用户评论词云。图 2-3 是我在收集智能音箱二手资料时利用从京东上获取的用户评论而生成的词云。通过查阅所有的用户原始评论，再结合词云，我们可以得出一些初步结论。例如，我们发现很多人购买智能音箱不仅是为自己而买，也是为了让小孩听故事、听歌，让老人通过语音控制实现很多功能，可见智能音箱是一个家用产品，且有一定的情感关怀属性。了解这些对产品的定位、宣传和设计都有指导作用。

6）直接和间接竞争对手的情况，包括直接竞争对手的战略及最新动向、竞品的主要卖点及用户评论等。间接竞争对手很容易被忽略，需要我们特别注意，如当我们做电视产品调研的时候，要考虑到市面上已经出现了使用投影仪等产品替代电视的现象，特别是年轻用户有这种趋势。

图 2-3　两款智能音箱的评论词云

　　在收集二手资料的过程中我们要注意聚焦和分析鉴别。聚焦是指二手资料虽然越丰富越好，但这并不意味着泛泛地去找，而是要紧紧围绕我们调研的主题去收集，选择对调研起较强支撑作用的资料。分析鉴别是指我们要特别注意数据的来源、统计口径等，要批判性地去看待数据，尤其是在对比二手资料中的数据与调研中的数据时，要看两者的数据口径是不是一致，如果不一致就无法进行直接对比，只能作为参考，如要引用则要明确说明两者的差异。

　　我们要永远牢记，调研仅仅是了解用户的手段之一，不要把它视为目的。我们要积极探索其他手段，而不是拘泥于用户调研。很多情况下，一些业务问题并不需要去做调研，把公司内外的数据拿出来整理一下就能回答很多问题。这时，业务方本质上并不是一定需要一份调研报告，而是一些辅助他们做决策的数据和资料，如果已有的二手数据和材料已经可以充分辅助决策了，何必费时费力去进行用户调研呢？

　　事实上，如果我们能充分利用二手资料，可以做出很多有价值的事情。这里推荐两本书——《我们的孩子》和《独自打保龄》，它们的作者均为罗伯特·帕特南（Robert Putnam），他是美国政治学家，曾担任哈佛大学肯尼迪政府管理学院院长。如果仔细翻阅这两本书，你会发现作者主要靠收集大量的二手资料，辅以少量的实地调研，就从多个角度论证他的观点和洞察。书中大量的数据都是跨越 50 年甚至 100 年的纵向对比数据，从长期数据中发现趋势，这样的资料和数据根本不可能从单次调研中获取到。很多网友认为他的观点并不新颖，却惊叹于作者超强的对二手资料、数据的处理和整合能力。像《独自打保龄》的参考文献就有 110 页，占整书篇幅的 1/6（这部分字号非常小，如果用普通字号篇幅会更大）。

2.4　分析数据

　　定量研究中，数据清洗是数据分析中必不可少的一环，就像我们做饭需要先淘米洗菜一样。数据清洗主要是为了清除"脏数据"、完善不完整数据，为后面分析数据做准备。

　　定量问卷调研中，数据清洗主要针对以下问卷进行清洗：有缺失值、重复值、极端异常值的问卷，逻辑前后矛盾的问卷，以及明显不合理（例如作答时间过短）的问卷。有时候我们有明确的问卷投放范围，但是用户收到问卷后看到有抽奖，可能会将问卷链接发到微信群中让更多人作答。在有条件的情况下，我们同样需要过滤掉这种问卷，因为这些作答者不一定符合我们事先定好的用户条件。数据清洗后，如果要采用 SPSS 等软件进行分析的话，则需要对数据进行预处理，例如只有进行数据编码、多选题设置等才可以进入后续数据分析流程。

定性研究也需要对资料进行过滤和清洗。孟子说过："尽信书，则不如无书。"在调研中需秉持"尽信用户不如不问用户"的理念。在访谈中，用户的哪些反馈是可信的，哪些反馈是不可信的，我们都需要做到心中有数。

数据收集好了之后要进行数据分析。根据收集上来的数据类型不同，数据分析的方法也多种多样，具体取决于实际的数据形态和分析需求，这里暂不展开。第 4 章会从定量和定性两个角度讲数据分析。

2.5 呈现报告

2.5.1 研究报告的构成

用户研究报告是用户研究项目的最终交付物，也是研究成果落地的起点。研究报告的目的就是说服业务部门根据报告内容产生行动。一般来说，无论是以 Word 还是以 PPT 的形式展示，一份完整的报告都主要由六部分组成，按照顺序依次列举如下。

1）调研背景和目的：交代调研的背景，以及为什么要做这个调研。这部分内容并非可有可无，而是相当重要。特别是现在很多报告我们无法一一口头讲解，需要通过这部分告诉读者为什么做这个研究。

2）调研方法和样本情况：目的是告诉大家调研方法是严谨可靠的。这里重点要介绍的是取样方法、样本筛选条件、样本配额，以及取样方式的合理性。这是读者对调研结论建立信心的必要条件。这部分内容的重要性还在于，它可以告诉读者我们的结论是通过调研哪些用户得出的，也就是结论的适用范围。因为同样的问题，调研不同的人群，得出的结论会大不相同，甚至完全相反。

3）调研结论摘要：这是主要发现部分，用 1～2 页简要展示主要结论。既然是结论摘要，一定是高度凝练和简洁的。在写这一部分的时候，你需要思考这样一个问题：你最希望读者在看完这份报告时记住什么？有的研究者喜欢将结论放在报告的最后，但是我倾向于放在前面，这样有利于读者快速捕捉主要信息，如果时间紧急的话，可以不用继续读后面的详细信息。

4）调研启发：这部分承接上一部分的用户洞察，将用户视角切换到业务视角。发现了这些结论，对业务方意味着什么？业务方应该如何去落地实施？调研启发的目的实际上就是把第三部分的主要发现进一步转化为行动指南。在实际操作中，这部分可以与具体的业务部门一起来完成，因为一方面用户研究人员对业务的了解不如业务部门人员深刻，另一方面用户洞察偏重客观事实，而启发则偏重观点或者判断，具有一定的主观性。针对同样的事实，不同的人得出的观点和判断有时并不相同，甚至完全相反。就像我们前面提到的，两个销售员同时看到一个岛上的岛民不穿鞋子这样的事实，却得出两种完全相反的行动方案（一种方案主张在这个岛上推广鞋子，另一种方案的主张正好相反）。卡尼曼在《噪声》一书中也列举了类似案例，比如不同医生对同样的病人和病例会有不同的诊疗方案，不同法官对同样程度的罪行判定的刑期差别很大。

5）详细调研结论：详细介绍通过调研发现的结论，这部分的篇幅最大，是为了支撑我们第三部分的主要结论而列举的详细证据，包括图表、用户原话、现场图片、视频等。当然这部分也可以根据报告的实际情况进一步细分成多个子部分。除此之外，由于这部分内容比较多，因此撰写的过程中需要考虑各部分内容的连贯和衔接，不要让读者感觉逻辑错乱，加重读者的阅读负担。例如，如果我们要阐述用户购机过程的洞察结论，可以沿着我们在用户购买产品的各个环节（产生购买动机、产品比较选择、下单过程体验、收货）中的发现开展。在实际写报告的过程中，我们往往是先有了这部分内容，再把总结提炼的内容作为第三部分内容放在前面。

6）附录：主要放不重要但是读者可能会查看的信息。包括以下内容：①不重要但是与前面结论相关的信息，如与主要结论相关的额外的分析与论述；②读者看完报告可能会提出的疑问的回答；③也有人将第二部分的调研方法和样本情况放在附录中，这也是可以的，但是需要注意的是，不管是放在前面还是放在附录里，这部分必不可少。

2.5.2　以读者为中心写报告

写报告的目的是传递我们的观点，说服业务方按照我们的洞察去行动。对于用户研究人员来说，报告是我们交付的产品，而业务方就是报告的读者。我们在打造报告这样的产品时，同样需要做到以读者为中心。以下几点是我认为需要注意的。

1）简单直接，不绕弯子——报告要想让别人接受并记住，首先要简单。为什么要简单？因为如果读者听不懂、看不懂这份报告，会直接忽视，那报告就对他们起不到任何作用。我们在用户研究中可能会用到一些复杂的分析方法和思路，但是这些仅仅是我们获取结论的手段，不需要展示给用户。如何将报告写简单？报告中哪些地方还有简化的空间？这些是我们在呈现内容时要思考的问题。有的人有意无意地把报告写得很复杂，很难让人理解到关键点，这样的报告往往起不到任何实际作用。

2）先总后分——整体的报告内容要遵循先总后分的结构，结论在前，详细内容在后。具体到每一页 PPT，它的内容也要先总后分，最主要的结论放在最上方，对结论的说明、支撑性数据、资料放在底下。这样的信息排布方式比较符合人接收信息的方式。当读者时间有限时，他可以通过通读标题和浏览报告获取最关键的信息。这里有一个诀窍供大家参考：把所有的 PPT 标题连在一起读一下，看看是不是一个完整的故事，如果是，那就是一份逻辑连贯、条理清楚的报告。

3）善用对比——我们常说没有对比就没有伤害，用户感觉好不好、产品好不好，往往不是孤立的，而是在对比中产生的。善用对比会让我们的报告更有力量，更有说服力。当我们说自己的产品满意度是 4 分的时候，如果有可能，也要给出竞品的满意度，这样才能知道我们到底做得好不好。当我们说今年比去年增长 15% 的时候，也要对比历年的增速，这样才能知道 15% 的增长到底如何。

数据收集基本方法

　　数据收集的方法众多，但是如果我们从最基本、底层的角度
去看，实际上只有四种：访谈、问卷、观察、实验。这些方法基
本都源于社会学、心理学、人类学、教育学等学科。用户研究借
鉴了这些基本方法，在企业中研究商业问题，当然也衍生出了一
些特有的方法和工具，例如人物角色和用户旅程图等。但是万变
不离其宗，这四种方法是众多用户研究方法的基石。如表 3-1 所
示，以可用性测试为例，要使用这种用户研究方法，我们就需要
访谈用户，让他们填写问卷，还要观察他们在操作过程中的行为
和想法，是问卷、访谈、观察三种基本方法的组合。我们知道，
要想学写文章就要先学会写一个个汉字，掌握好这四种基本方法

就相当于让我们在用户研究中先学会"识字学字"。

表 3-1　用户研究方法示例

具体研究方法	问卷法	访谈法	观察法	实验法
创建人物角色	√	√		
用户旅程图	√	√		
可用性测试	√	√	√	
联合分析与测试	√	√		√
一对一深访		√	√	
焦点小组访谈		√	√	
外观测试			√	√
价格测试	√	√		√
概念测试	√	√		
卡片分类		√	√	
用户日志	√	√		
A/B 测试			√	√
卡诺测试	√			
NPS 回访调研	√	√		

访谈和问卷目前是使用最多的研究方法，二者很像跟用户打乒乓球，我们发球，用户接球，再传球给我们，这里的"球"就是我们互相传递的信息。访谈是多轮来回，我们和用户之间不断"发球接球"，来回传递信息。问卷则只有一个来回，我们发球给用户，用户再传回来就完成了。打乒乓球时我们希望对方失球，但在用户研究中正好相反，我们希望对方尽量接住球。对于新手来说，让对方接住球并不简单，因为有时候我们发出的球过不了栏或者直接出界。而且，访谈和问卷都是用户在我们的引导下做

出反馈，所以如何引导用户如实、完整地讲出他们的事实和观点十分重要。

观察和实验的应用相对少一些，但是它们在用户研究中也起着非常独特的作用。

观察带给我们的临场感是任何其他研究方法所无法比拟的，"想了解动物的生存方式，不是去动物园，而是去丛林"，"在办公室里，我们想象不出用户的使用场景"，这些简单朴素的道理我们都知道，但是知易行难。实际工作中，又有多少人愿意走出办公室去观察用户呢？

当我们无法直观观测到不同事物之间的因果关系时，实验的作用就至关重要。大航海时代早期，很多船员死于坏血症，后来通过不断实验，人们才发现是因为缺乏维生素导致了船员的死亡。找到确切的因果关系，就可以对症下药解决问题，这就是实验的巨大作用，也是我们追求因果关系最主要的原因。很多公司经常提到"小步快跑、快速迭代"这样的工作思路，这就是一种不断尝试新思路、测量效果，从而帮企业找到最优路径的思路。特别是在一些互联网公司中，A/B测试已被广泛应用，它能帮助我们更好地决策和行动，这是实验法的一种具体运用。

有人可能会认为这些方法太基础，不需要详细讲解。我认为还是有必要的，正所谓：基础不牢，地动山摇。本章主要讲解各种方法需要注意的问题以及在使用过程中需要遵循的基本原则。这看上去是简单的，却很容易在上面栽跟头。即使是非常权威的部门和机构，在发布调研数据时，也会犯一些低级错误，细究起来都是因为没有遵循一些最基本的原则。

　　在研究行业有这样一句话："垃圾进，垃圾出"（garbage in，garbage out），意思是如果我们收集了一堆垃圾数据，那么得出的结论自然也是垃圾，这是我们在数据收集过程中要竭力避免的情况。如果数据源头有问题，后续做再多的分析也是徒劳。在数据收集阶段，我们要力求收集到完整、真实、本质层面的信息，而接下来的每一种方法中，都是从这个角度出发介绍基本的思路和技巧的。

3.1　问卷

　　问卷是目前最常用的用户研究方法，它虽然表面上看十分简单，但是如果我们稍不留意，也很容易在问卷设计中犯错误。

3.1.1　什么是问卷

　　问卷是指通过问用户一系列问题（如对产品的偏好、态度、意见，以及用户特征）获取定量数据，来帮助我们获取用户洞察。我们日常生活中所熟悉的民意调查、满意度调查等都是通过问卷的形式展开的调研。

　　问卷是用户研究中使用最为广泛的定量研究方法，如果我们想量化用户的行为、观点、态度、购买使用习惯等，或者想获取人群规模、百分比这样的数据，就要选择问卷法进行大样本的调研。

问卷调研比较适合在我们对待研究问题有一定了解的情况下开展，如果我们对问题所知甚少甚至一无所知，那么很难设计出有价值的问题和选项答案。例如，当我们要了解用户是如何养成喝咖啡的习惯时，可以按照自己的思路梳理出一些原因作为备选项，但是这样极有可能会漏掉一些选项。如果我们这时直接发问卷去进行调研，很多调研对象发现在问卷中根本找不到符合自己的选项，就会随便选一个，或者选择其他原因，导致调研结果存在偏差或者不准确。所以，在这种情况下，我们最好先对调研对象通过访谈等形式做定性的了解，再去设计问卷、展开调研，这样获得的结果才更加可靠。

3.1.2 问卷设计中需要注意的问题

要想获得一个准确的结果，调研问卷的设计就需要反复斟酌。有这样一个段子，一个年轻人远远地看到一个老人身边有条狗，就问老人：你的狗咬不咬人。老人回答不咬人。于是年轻人继续往前走，结果被狗咬了一口，年轻人就抱怨老人撒谎，老人说：这不是我的狗。年轻人一开始就问错了问题，老人也没有准确判断年轻人的意图，结果因为沟通不畅而产生问题。

上面这个案例看上去十分可笑，但是如果我们稍不注意，很容易在实际调研中问出这样的问题。比如有的产品往往是一人购买、一家人使用，家电类的产品尤其明显，如电视、扫地机器人等。我们在调研用户购买这类商品主要关注哪些产品配置时，一定要事先确认填问卷的人是产品的购买者：一般通过加一道题目问用户产品是谁购买的，然后根据答案进行问题跳转，如果回答问卷的人是购买者本人，接下来就继续询问购买相关的问题，如果回答问卷的人不是购买者本人，则跳过购买相关的问题，只让他们回答产品使用相关的问题。否则，使用者而非购买者在填写有关购买的问题时有可能会因不了解实情而乱填写，进而影响后续的问卷调查结果。

问卷是一种通过问题引导用户作答的方法，正确、客观的引导可以获取用户的真实情况，不恰当的引导则正好相反。有意思的是，如果对用户进行正面引导，对公司业务也会起到正面作用。例如《哈佛商业评论》的一篇文章讲述了这样一个有趣的故事：有问卷一开始先让用户反馈产品或者公司积极的方面，唤起用户的积极评价和意识，然后发现这样对产品的回购率有正面影响，实验表明，使用积极版的问卷调研的用户，他们的消费频率和消费额会比不使用这个版本问卷的用户分别高出 9% 和 8%。如果从业务发展的角度看，这是一个很精妙的办法，但是如果从调研的角度看，这种做法明显不可取。由此可见，问卷设计的不同，不仅可以影响用户的作答，甚至可以影响用户行为。我们要尽量秉持客观公正的理念去设计问卷，避免无意中引导用户做出好的或者不好的回答。

我们接下来从题干设计、问题选项设计、问卷整体设计以及问卷设计检查清单等方面，讲述如何设计出一份好的问卷。

1. 题干设计

问卷中的问题由两个部分组成：题干和选项。设计好题干和选项，也就抓住了问卷设计的关键。我们首先从题干设计开始。

问卷的题干设计要遵循以下原则。

（1）问用户可以回答的问题

我们问出每个问题前都要思考用户是否有能力回答，如果不能保证的话，回收的问卷可能会有问题。因为用户不能回答的时候很可能会胡乱选择，而我们却浑然不知，这对调研结果的损害可能更大。这就像我们在考试中做选择题时，选择某个答案并不一定代表我们真的会做，有时纯粹靠猜，老师总是告诫我们选择题千万别空着不答，不会也猜一个。用户回答问卷也一样，但是这个回答是不是真实，是不是客观，其实我们无从知晓。所以要尽最大努力确保用户能简单、便捷地回答我们的问题，要问用户可以回答的问题。如果超出用户的能力范围，我们会得到一堆不准确的回答，更糟糕的是我们甚至很难意识到其中存在问题。

为了让我们的问题不超越用户能力范围，需要确保以下几点：

1）不要或者少问假设性问题——对于不存在的、想象的情景，用户很难作答。比如，我们通过问卷问用户未来1～2年会不会购买某类产品，不管用户回答是还是否，其实都很难具有可信度。因为用户会不会购买受到太多因素影响，用户回答问题当然很简单，勾选一个答案就好了，问题是用户真的会按照自己勾选的答案去行动吗？像这样的假设类问题，我们应该尽量少问或者不问。

2）不要问用户不能理解的问题——避免出现非常专业的术语。有时候我们在业内觉得有一些术语已经很常见，不知不觉就将这些术语用到调研中了，而用户看到之后并不知道术语的含义。其实这本质是不要用自己的思维方式，而要用用户的思维、用户的语言问问题。例如，如果问用户对 iOS 的看法，这个问题就包含了一个专业术语——iOS，这不是用户语言，而是开发者语言。其实我们只需要问用户对苹果手机系统的评价就好了。

3）尽量少问需要用户统计作答的问题——人脑并不擅长统计，这类问题对用户来说比较难回答。什么是统计类的问题呢？比如，你平均一天在 Facebook 上花多长时间？你平均逛超市的频率是多大？你过去一年平均每个月的开销有多大？有时候我们为了获取准确的回答，喜欢问用户平均的情况。但是这只是我们一厢情愿想要了解的，对用户来说非常不友好，而且得到的答案可能跟实际情况相差甚远。Facebook 通过询问用户在 Facebook 上的使用时长，同时通过后台记录对比他们的真实使用时长，发现两者存在巨大的差距。如图 3-1 所示，通常来说人们说出的使用时长比他们实际的使用时长要长得多：有的情况下用户报告的使用时长竟然比实际的使用时长多出 3.2 小时。我之前在对微信支付用户访谈的时候也发现了类似现象，当我们问用户平均一周使用多少次微信支付、多少次支付宝的时候，用户会告诉我们一个数据，但是当我们现场请他们打开微信支付、支付宝的账单看的时候，实际上跟他们刚刚回答的有很大出入。幸好，Facebook 有这种条件可以验证用户所说的和实际行为之间的差距，我们在现场访谈中也有一些核实用户回答的途径。但是在问卷调研中，我们没有办法去核实用户说的是不是靠谱。所以我们在调研中要避免问用户频率、平均时长、平均花销等涉及统计或者计算的问题。如果实在要问这类问题，要特别注意结果的可信度有限，仅作为参考。

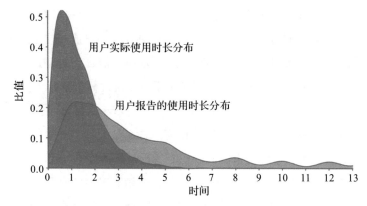

注　用户报告的使用时长的问题问法：通常来说，你一天有多长时间在使用 Facebook？实际使用时长是通过 Facebook 追踪用户的使用时间而得来的。

图 3-1　用户使用 Facebook 的实际时长与报告的使用时长

（2）问题要避免双重 / 多重含义

一个句子中只能包含一个问题，否则用户不知道该如何回答。例如，下面这个问题就有双重含义：

您父母是否已经退休了？

这个问题包含父亲和母亲两个人物，应该拆成两个问题，分别问父亲和母亲是否已经退休。有时候我们很难一眼看出问题是多重含义的。例如，当我们帮移动运营商调研用户资费情况时，如果我们问用户平均每个月的套餐资费是多少，这也有可能是一个双重或者多重含义的问题，因为很多用户是双卡用户，比如有一张 88 元套餐的移动卡，还有一张 188 元套餐的电信卡。对于这种双卡用户，我们就需要分开来问，而不是笼统地去问。

（3）问题中尽量避免使用否定词

日常生活中人们习惯于使用肯定的表述，如果问卷中出现否定词，会额外增加用户的认知负担，这对问卷回答也是不利的。例如："下列娱乐方式中您不喜欢的有哪些？"如果用户不仔细看的话，很容易出错，最好改成"下列娱乐方式中您喜欢的有哪些？"。如果确实需要用到否定的词语，建议尽量用加粗字体或者用其他颜色的字体强调一下。

（4）避免问题中带倾向性或者诱导性

问题不能让用户感觉到明显的暗示性。例如："大家现在都用手机付款了，您是否经常使用手机支付？"这样的问题就带有一定的倾向性和诱导性，如果回答否，用户可能会觉得自己与大家不同，是不是落伍了？为了获取赞许或者认可，他可能会更倾向于回答是，虽然实际上很少用。这时，我们其实应该这样问：你使用手机支付的频率是多少？

有的诱导性问题比较隐蔽，不好识别，比如：你现在住的房子是自己买的还是租的？这种提问方式也具有诱导性。因为有的用户的房子既不是买的也不是租的，有可能是单位赠送，或者是亲朋好友的房子。正确的问法是：你现在住的房子是以下哪种情况？然后在选项中列举出所有的可能性。

（5）选择合适的措辞

我们说在设计问题的时候要做到字斟句酌也不为过，因为细微问法上的差别也可能会带来巨大的差异。在问题中到底采用什么样的措辞才能得到我们真正想要了解的答案，需要我们反复确认和推敲，假设我们不慎用了不恰当的措辞，结果可能并不准确。例如 Davis 等人调研了表 3-2 中的问题，发现问卷中的措辞虽然只有细微差别，但是用户的回答差别非常大。至于我们应该采用什么样的措辞，要回到我们的研究目标上，反复考量，根据目标确定问法。

表 3-2　不同措辞下用户的回答差别非常大

选项	问法 1：在我们国家，解决任何问题都是不容易的，需要成本的，您认为我们在**社会福利**方面，是花费了太多、太少还是适量的钱？($N=1317$)	问法 2：在我们国家，解决任何问题都是不容易的，需要成本的，您认为我们在**帮助穷人**方面，是花费了太多、太少还是适量的钱？($N=1390$)
太少	17%	62%
适量	38%	26%
太多	45%	12%

资料来源：《问卷设计手册：市场研究、民意调查、社会调查、健康调查指南》的第 1 章。

2. 问题选项设计

题干设计好了之后，就是选项设计，选项的设计也很重要。接下来我们就谈谈选项设计中应该注意的问题。

（1）选项之间是互斥的

选项不能相互重叠或者相互包含，特别是当问题是单选题的时候，一定要避免此类情况。例如下面这个例子中，如果用户是一个已婚有小孩的女性，她会不知道是选 A 还是选 D。比较合理的问法是将这个问题拆成两个问题，一个问题是问婚姻状况，另一个问题是问家里是否有小孩。这样就不会出现选项之间不互斥的情况了。

您的家庭状况是：

A. 已婚

B. 未婚

C. 离异

D. 有小孩

E. 无小孩

（2）选项要穷尽所有情况

选项要能包括所有的情况，保证每个用户都能够从中选择符合自己情况的选项。例如下面的这个问题，可能有的用户非常喜欢看体育节目，但是选项里面并没有包含，导致他无法选择。

您最喜欢看的电视节目类型是：

A. 新闻

B. 电视剧

C. 纪录片

D. 娱乐节目

E. 少儿节目

这也是之前提到的为什么预调研很重要，因为不做预调研就很容易出现选项不够穷尽的情况。有时候我们可以在最后加一个"其他"选项，以防止用户面临无选项可选的情况。但是我们也要确保不能有太多用户选择"其他"，否则也说明我们的选项设置是不合理的。其他意味着未知，像一个黑箱，如果用户选了这个选项，我们将无法了解用户的真实情况。

例如下面这个问题：

你未来半年内是否打算换一部新手机？

是

否

这里也属于选项没有穷尽的情况，因为有的用户可能并没有想清楚是否更换手机，但是题目中并没有包含这种选项，用户看到这样的问题只能被迫从中选择是或者否，造成调研结果不准确的情况。

（3）敏感问题做模糊化处理

有的问题比较敏感，如收入、年龄，用户不太愿意回答具体的情况，我们也没有必要了解得太细，这时候往往可以通过设置一些区间选项将问题模糊化。例如，问用户的收入状况，如果采用问题1的形式，直接问具体的数字，用户往往不愿意回答。这时应该采用问题2的形式，通过设置收入区间的形式，将敏感的问题变得不那么敏感，提升用户回答率。

问题1：您的个人税前月收入是_____元。

问题2：您的个人税前月收入是：

A. 2000 元以下

B. 2001～5000 元

C. 5001～8000 元

D. 8001～10000 元

E. 10001 元以上

（4）在有条件的情况下，选项尽量随机排序

如果所有的选项之间是并列关系（没有先后或者从小到大的

关系），最好将选项的呈现顺序随机化，让不同的用户看到不一样的选项顺序，避免有的选项永远排在最前面，有的选项永远排在最后面。

固定不变的顺序有什么弊端呢？研究表明这会造成用户更倾向于选择放在前面的选项，产生调研误差。有研究者（Zewei Zong）用同一个问题，但是选项顺序采用随机和不随机两种做法，看用户的选择情况。通过这个实验，如图 3-2 所示，他发现了采用固定顺序会带来问题：靠前的选项更容易被人选择，靠后的选项正好相反。这提醒我们在有条件的情况下一定要将选项顺序随机化，这样获得的结果更可信。当我们采用网络问卷平台编辑和发放问卷时，可以将选项顺序设置为随机。

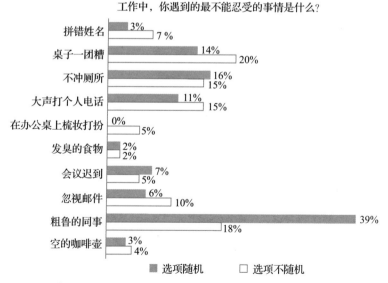

数据来源：www.surveymonkey.com。

图 3-2　选项随机和不随机两种情况下用户的选择差异

但是选项之间如果有从小到大（如年龄段）、从高到低（如频率、收入）等递进关系，还是要按照固定顺序展示，随机呈现会让人觉得很乱。

（5）选项尽量要保持"平衡"

当选项中涉及"好／坏""高／低""同意／不同意"等类别的判断时，要注意选项的"平衡"。例如下面的选项就是一个不平衡的设计，因为 4 个选项中有两个是偏"正面"的，只有一个是偏"负面"的，这样的选项设计会在无形中造成用户更倾向于选择正面选项。所以我们应该在最后再加一个十分不满意的选项，这样就保持了平衡。

你对这款产品的满意度如何？

A. 十分满意

B. 满意

C. 中立／不好说

D. 不满意

3. 问卷整体设计

上面我们分别从题干和选项等领域讲述了问卷设计的原则和技巧，正确恰当地设计好题干和选项可以保证我们设计好一个个问题。接下来我们重点从一份整体上的问卷来讲述问卷设计中需要注意的问题。

（1）问卷的结构与问题顺序

一份问卷至少包含以下六个部分。

1）标题和指导语：告诉用户问卷主题和注意事项。需要特别强调的是，注意事项要明确告知用户按照自己的实际情况填写，无对错之分，让用户放下心理负担。如果我们对填写问卷的用户有奖励的话，也要在指导语中进行说明。可以用如下话术引导用户填写：

> 感谢你参与 ** 调研，本次调查大概花费你 5～10 分钟时间，你只需要按照自己的实际情况和观点填写，你的回答无对错之分，我们将从填写问卷的用户中随机抽取 100 名用户奖励 50 元话费，为了保证你中奖后可以收到话费，请你务必在最后一题中写清楚你的电话号码。

2）筛选型问题：一般来说，填写问卷的用户往往是需要满足一定条件的，而不是每个用户都可以填写。尤其是网络问卷，我们并不知道打开这个问卷的用户是否符合条件。对于不符合条件的用户，我们一开始就要通过问题筛选掉。假如我们只想调研女性用户对产品的观点和看法，就需要在问卷的开始部分问用户的性别，如果填写问卷的是男性用户，就直接跳转到问卷结束页面，只让女性用户回答后续问卷。

3）配额型问题：配额性问题也要尽量放在靠前的位置，原理跟筛选型问题类似。例如，调研样本配额一开始定的是男性用户和女性用户各 100 名，但调研过程中，我们发现男性用户样本已经超过了 100，女性用户只收集了 60 多个样本，为了能收集到更多女性用户，这时候就需要调整问卷，如果后面还有男性用户过来填写问卷，可以直接跳转到结束页，而只让女性用户来继续填写问卷完成剩余的配额。

4）问卷主体部分：这是我们最关注、最重要的问题，也是我们做调研要回答的问题。一份问卷中都会有多个问题，那问题应该如何排序呢？一般来说，简单的问题要放在前面，需要用户思考的问题要放在后面，使整个问卷有一个先易后难的过程：涉及用户行为的问题相对容易一些，应该往前放；涉及用户态度和观点的需要思考，应该往后放；用户熟悉的问题往前放，用户感觉陌生的问题往后放。总之，问卷的问题要从用户愿意回答、容易回答、不用费很多心思就能回答的问题开始，这样用户才更有可能帮我们完整填完问卷。

5）背景类问题：用户的基础信息，如年龄、性别、职业、收入等，一般放在问卷靠后的位置。当然这不是绝对的，假设我们的问卷是按照年龄筛选用户，或者有年龄上的配额时，可以把年龄问题的位置提到前面去。

6）结束语：一般是告诉用户调研已经结束并顺便表达谢意，如果后续有抽奖等环节的话，要明确告知用户。

（2）问卷的质量控制

问卷要具备数据清洗的条件，这在设计问卷时就需要考虑到，尤其是要有甄别用户的手段。美国疾病控制与预防中心（Center for Disease Control and prevention，CDC）在 2020 年发布了一份调研报告称美国有 4% 的人为了抵御新冠病毒（COVID-19）而喝过或者用漂白剂漱口，4% 的人口意味着美国有 1300 万人喝了家用化学品消毒。作为一个权威的部门，它发布的这份数据引发了极大关注。很多媒体跟进报道，例如路透社报道的标题是这样的：使用漂白剂漱口？美国人误用消毒剂预防病毒。但是有人对这份调研提出了质疑，所以该部门又做了一份调研，问了用户同样的问题，同时对用户回答进行了质量控制。例如，加入类似这样的题目：你是否死于心脏病？你是否曾经使用过互联网？另外，如果有人回答摄入了化学品，还会继续问他是不是"不小心"选择了"是"，如果不是不小心选择，需要让他们提供一些额外细节。结果发现调研的 688 人中有 8%（共 55 人）声称他摄入了家用化学品，单看占比与 CDC 的结果是类似的。但是 55 人中，只有12 人通过了基本的质量控制问题。也就是说有 43 人是乱填的，如有的用户在回答"你是否死于心脏病"中选择了"是"。而且上述通过质量控制问题的 12 人中，继续问他们是否在喝下家用消毒剂那一题中"不小心"选了"是"，结果有 11 人表示自己误选。而剩下的 1 位用户回答也不准确：他今年 20 岁，有 4 个小孩，同时他的身高和体重明显不合理，所以基本也可以判断该问卷无效。从这样分析结果来看，极有可能无人（0%）真的服用了家用化学品。这样，我们就发现大部分回答"是"的人并未认真作答，如果我们在问卷中没有提前设计好类似问题，那极有可能得出一些错误的结果。

所以问卷中有必要设置"地雷题"，用户一旦踩中就代表没有认真答题，可以清除掉这类用户的作答。设置"地雷题"的方法有两种。

第一种地雷题是针对类似问题使用不同的问法在问卷中提问两次。如果被访者在两次回答中给出了完全相反或者差异巨大的答案，可以间接反映用户回答问卷的态度不够端正，那么我们有理由怀疑这个用户的数据是不真实的。例如我们问用户喜欢的汽车品牌有哪些？不喜欢的汽车品牌有哪些？如果同一个品牌既在用户喜欢的品牌中，也在不喜欢的品牌中，那么这个用户的问卷就有问题。需要注意的是，两道地雷题之间的距离应该尽可能大。当然在问卷篇幅不能太长的情况下，地雷题也不宜设置太多，一两道就可以了。

另一种地雷题不需要在问卷中问多次，而是把用户的回答情况跟后台数据做对比，判断有无矛盾的地方。例如，我们通过后台数据发现用户 A 最近 1 个月每天使用某个 App 的时间很长、频率很高，问卷中也有调研用户对这款 App 的使用情况，如果这个用户回答最近没有用过这款 App，后台数据和用户回答出现了矛盾，那么我们也可以认为用户回答不准确，可以将这类用户过滤掉。

（3）问卷的长度

问卷不能太长。用户对问卷长度的忍耐性正在不断降低。一般来说，线上问卷 5 分钟之内答完为好，最好不要超过 10 分钟。研究表明（Galesic Mirta，Bosnjak Michael，2009）用户填问卷时间长了容易产生疲劳，会带来几个严重问题：用户答题完成率下降，越往后的题目答题速度越快，也越不认真，有时候会乱填一通。比如在一些测量态度观点的问题中，连续多个题目勾选同一个数字。如果我们的问卷是需要线下面对面请用户填写的话，虽然可以一定程度控制用户乱写的情况，但是也要控制好篇幅。这就要求我们在有限的问卷篇幅内保留最重要的问题，删掉不重要的问题。

（4）问卷问题的标准化

同样的问题，在一个公司内部要尽量标准化，包括问题的题干和选项。企业可以根据自身情况建立标准化的问题库，以后标准的问题都直接从标准问题库进行选择并复用。这样做最大的好处就是可以对不同调研的数据进行合并和比较。例如，我们对高、中、低端的产品用户做了用户调研，当这些调研都完成之后，我们可以把同样的问题拿出来进行分析，比如用户购买产品时的关注点有何不同？或者，我们也可以分析不同时期的用户数据，看到数据随时间的变化趋势。这些分析能做的前提是我们的问题和选项都是一样的，否则无法进行合并。当然毕竟每次调研都有独特的问题和使命，我们无法做到所有问题都能够从问题库里选择，但是如果是同样的问题还是要尽量从中选择，例如用户的性别、年龄、收入、职业、购买渠道、购买关注点等，尽最大可能标准化，为后续数据合并与分析创造条件。

（5）问卷测试

我们可以把问卷视为一个产品，一般来说，产品上市前都要经过严格测试，问卷也一样。当我们编制好问卷之后，最好请周围的同事，或者（有条件的情况下）请真实用户做一轮问卷测试。另外，问卷出来之后一定要跟业务方过一下，这也是很重要的跟业务沟通的环节，要请业务方从他们的视角提出问题和建议。重点看他们在做问卷的过程中是否遇到问题，是否有建议。通过测试重点检查：

1）对照研究需求，问题是否多余或者遗漏？

2）用户能否看得懂问题？用户在回答过程中是否有困难？有哪些困难？

3）问题有没有歧义？

4）选项设置是否合理？是否符合用户的思维方式？

5）用户回答问卷的时间有多长？答题时间是不是合理？

4. 问卷设计检查清单

最后，为了避免在实际操作中有所遗漏，我们建立一个问卷设计检查清单，具体包含 16 项。有了它，我们就可以实时对照我们的问卷设计是不是合理和恰当，避免误入陷阱。具体如下：

1）问卷设计之前有没有进行预调研？

2）问卷的问题顺序有没有遵循先易后难的规则？

3）每个问题的描述是不是够简洁？

4）问题中有没有出现用户不懂的专业术语？

5）问题中有没有双重含义？有无歧义？

6）问题的问法有没有倾向性或者暗示性？

7）问题中有没有用到否定词汇？

8）选项有没有穷尽所有可能？

9）如果是单选题的话，选项之间有没有互斥？

10）会不会出现太多用户选择"其他"选项的情况？

11）敏感问题的选项有没有进行模糊化处理？

12）网络问卷中选项之间是平行关系时，选项顺序是否有随机化？

13）选项之间有"好坏""高低""同意不同意"等时，选项是否保持平衡？

14）有没有对问卷质量进行控制？

15）问卷是否经过测试？

16）问卷中的问题有没有最大程度标准化？

3.1.3　问卷调研中的抽样

当我们设计好一份问卷后，接下来如何进行抽样同样至关重要。正确的设计问卷配合合理的抽样，才能为后面的调研奠定良好基础。

"你的样本有没有代表性？"这是听众经常在项目会中提出的灵魂拷问。这个问题，关乎调研结果能否经受得住考验。有调研机构在这方面是栽过跟头的。20 世纪上半叶美国有一家《文学摘要》杂志社，从 1916 年开始连续很多次通过调研成功预测了美国总统大选结果。但是在 1936 年美国大选中该杂志社的调研结果却错的很离谱，它发放了 1000 万份问卷，回收了 200 万份，样本量非常大。根据调研结果预测：候选人 A 将以 57% 对 43% 的比例击败另外一名候选人 B，并且进行了大张旗鼓的宣传。但最后选举的结果却是 B 以 62% 对 38% 的巨大优势获胜。为什么最后预测错了呢？原来该杂志社是从电话号码和车牌登记名单中选取问卷调研用户，而在那时候的美国，有电话和车的都是富裕家庭（根据 Our World in Data 网站的统计，1936 年美国固定电话拥有率为 33%，汽车拥有率为 54%），很显然这次调研的样本量虽然大，但是无法代表所有美国人。而当时还名不见经传的盖洛普只发放了 5 万份问卷，却成功预测了大选结果，从此名声大噪，至今仍然是美国重要的民意测验机构。盖洛普的调研样本量虽然小的多，但是有足够的代表性。所以，在回答有无代表性这个问题上，样本量并非最关键的要素，最关键的还是如何选取样本。

为什么要使用抽样调查？受限于财力、时间，调研时只能通过抽样选取一部分用户，但是我们期望调研的结论能适用于大多数用户，否则调研就是没有意义的，所以抽样对问卷调研非常重要。正如要想知道一锅汤的味道，我们只需要舀一勺出来尝一尝就好了。调研的工作就是舀一勺汤进行品尝，而舀出这勺汤的方式，就是抽样方式。假设我们要调研某款游戏的用户满意度，这款游戏的男性用户占比为 70%，女性用户占比为 30%，如图 3-3 所示。如果我们抽取出的一个样本（样本 A）中男女用户各占 50%，那么这个样本就是不合格的，因为它无法代表这款游戏的所有用户。也就是说，抽样要具有代表性，需要做到：样本（sample）的构成和整体用户（population）的构成大致一样。如图 3-3 中样本 B 所示，这样的样本才是合理的。

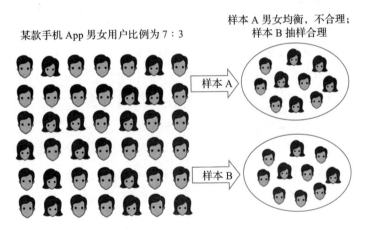

图 3-3　样本的构成和整体用户的构成保持一致

　　一份调研能否令人信服，很大程度上取决于抽样方式是否合理，所以一份正规的调研报告一般都包含了抽样方法的介绍。我们先来看一下央行 2021 年做的一份《消费者金融素养调查分析报告》在开头部分对抽样的说明：

> 本次调查主要通过电子化方式采集样本。按第六次人口普查的数据口径，调查覆盖全国 31 个省级行政单位和 333 个地级行政单位。在县级层面，共有 2200 个县级行政单位参与本次调查，覆盖率达 77%。调查主要采用概率比例规模抽样法（PPS），组织 31 个省级分支机构以辖内乡镇和街道为基本单元进行随机抽样，最终确定了 3927 个乡镇和街道作为一级调查点，覆盖率约为 10%。本次调查共采集到约 14 万份样本，有效样本量为 118775。受访者的平均年龄为 40.39 岁，中位数年龄为 38 岁，其中，25～30 岁、30～35 岁、35～40 岁、45～50 岁是受访者最为集中的年龄组。

通过以上介绍，我们知道这份调研跟中国人口普查的人口构成一致，覆盖范围广，抽样和样本量均合理。这样的说明，会让读者认为这份报告后面的数据是可信赖的。

1. 抽样方法简介

从大的分类看，抽样主要分为概论抽样和非概率抽样。概率抽样是指：采用随机抽取的方式，即在所有样本中，每个样本都有可能被采样。上文央行调研提到的概率比例规模抽样法（PPS）就是一种概论抽样方法。相比之下，非概率抽样则无法保证每个样本都有可能被抽取到。关于抽样方式，我们只在表 3-3 中做一个简单的介绍，如想了解更多详细内容，可以自行阅读相关资料。

表 3-3　各种抽样方式简介

大类	小类	简介	举例
概率抽样	简单随机抽样	从总体 N 中随机抽取出 n 个样本，每个样本被抽到的概率相同	用户回访时，从公司后台数据库中随机抽取 1500 名用户做回访
	分层抽样	将总体按照某种规则分为若干层次，再在每个层次中抽取样本	公司客户分为高净值客户和普通客户两类。调研分别从高净值和普通客户中抽取一定样本
	系统抽样	将总体进行 $1\sim N$ 编号，样本量为 n，则计算出样本间距 $K = N/n$，从 $1\sim K$ 中随机抽取 1 个编号 $K1$ 作为第一个样本，然后 $K1 + K$，$K1+2K$，…… 依次抽取下去	从有负面反馈的 10000 名用户中抽取 100 个做问卷调研，先对 10000 个用户进行编号，计算出间距 $K =$ 10000/100 = 100，从 $1\sim 100$ 随机抽取 55 号作为样本，然后继续抽取 155，255，…，直至 9955 作为样本
	整群抽样	先将整体分成若干群，各个群之间的特性保持相近，但是群内的用户较为分散	在某个城市进行民意调研，在已经划定的 80 个街道中，随机抽取 3 个街道进行调研
	多阶段抽样	第一步：将总体划分成若干初级抽样单元，随机抽样抽出若干初级抽样单元作为第一阶段样本；第二步：针对被抽中的第一阶段样本，再抽取若干个次级抽样单元作为第二阶段样本；第三步：以此类推，直到抽出最终抽样单元构成最后一阶段样本，再实施调查，即形成多阶段的抽样	调研某省农村居民收入情况，先从某省抽取若干县，在被抽中的县总抽取若干乡，再在抽中的乡总抽取若干村，再抽村，再抽户

	概率比例规模抽样法（PPS）抽样	在多阶段抽样中，被抽样的个体抽中的概率，率取决于其整体的规模、抽中概率和其规模是成比例的	调研某省的人均收入水平，按照所有城市的人口占比，决定抽中的概率。例如 A 市人口总数为 100 万，B 市人口总数为 200 万，则 B 市被抽中的概率是 A 市的 2 倍。假设 B 市被抽中，再去抽下辖县，根据其中的县人口规模决定是否被抽中，例如 C 县人口总数为 30 万，D 县人口总数为 45 万，则 D 县被抽中的概率是 C 县的 1.5 倍
非概率抽样	方便抽样	从方便和容易获取用户的角度出发，根据预设条件甄选样本	在超市收银台等待用户完成支付后调研用户的支付满意度和支付方式
	配额抽样	对样本用户设置配额或者比例	调研用户对音乐类型的偏好，男性和女性用户各占 50%，同时 20 岁以下用户占 30%，20~40 岁用户占 70%
	推荐抽样	也叫滚雪球抽样，要求受访用户提供其他符合条件的用户参与调研	调研极限运动用户对装备需求，通过 1 名用户推荐其他符合条件的用户参与调研

注　以上内容是根据郑宗成等成书的《市场研究中的统计分析方法基础篇》、伯恩斯等的《营销调研》、艾尔·巴比的《社会研究方法（第十版）》等书籍中有关抽样调查的部分整理而成的。

不管采用哪一种抽样方法，我们思考的最重要的一个问题就是：抽取的样本有没有代表性。从最严格统计角度上讲，非概率抽样对总体的代表性是存疑的，也无法计算抽样误差，不符合推断统计的基本条件。但是很多情况下，相比概率抽样，非概率抽样更具有可行性。而且大量的实践也证实了非概率抽样下的研究信度和效度对整体的代表性比较强。基于此，在实际工作中，虽然经常使用非概率抽样，但是依旧按照概率抽样的方式来计算误差，进行推断统计。

在用户研究实际工作中抽样的步骤是怎样的呢？一般来说，抽样分为定义总体、获得总体名单、设计抽样方案、进行抽样等环节。在整个抽样过程中，有两个问题需要我们特别思考：一是我们的整体用户是谁？二是如何设置样本配额？

先看第一个问题：我们的整体用户是谁？这一步在调研中很容易被忽略，但是我认为这是重要的。实际上在目前数字化背景下，获取整体用户的信息并不难，因为几乎所有的 App、系统后台数据都能够记录用户基本信息，从而帮我们清晰勾勒出用户整体构成（如年龄、性别、所在城市等），这也是我们在研究中进行取样的依据。

但是有的情况下我们难以知道整体用户是什么样的，这就需要结合实际项目灵活抽样。例如，假设目前洗碗机的市场渗透率只有 1% 左右，而且其用户主要是高收入群体，我们想做一款新的洗碗机，调研用户对产品的反馈和想法，应该如何选取样本呢？因为这款新洗碗机是面向未来市场的（未来几年洗碗机的市场渗透率可能会超过 5%，那时的洗碗机用户群跟当前用户群相比会有变化)，在做用户调研项目时，如果我们只把目前拥有洗碗机的这 1% 的用户作为整体来进行抽样调查的话，就会不太合理，因为没有考虑到潜在购买用户。但是我们并不十分清楚潜在用户＋现有用户组成的整体用户是怎样的，所以只能探索性地进行抽样。比如，假如当前洗碗机用户的月收入在 2 万元以上，未来洗碗机可能会下沉到月收入 1～2 万的用户，那么调研用户群就需要在现有用户基础上适当扩展，增加月收入在 1 万以上的用户样本。对于一些正在发展中的、目前渗透率还未饱和的产品调研，要适当考虑潜在用户。

了解清楚了整体用户之后，我们接下来就需要设置样本的配额：根据整体用户的结构来配置样本的用户结构，两者结构一致才能保证调研样本的代表性。简单来说，如果我们了解到整体用户男女比例是 7：3，那么样本也要保证这样的男女比例。

有时候，单一维度的配额并不能满足调研需求，这时候就需要将多个变量放在一起设定配额。依然以上述男女用户比例为例来说明，虽然整体上男女用户的比例是 7：3，但是通过后台数据发现不同类别城市的男女比例并不一样，例如一线城市是 5：5，二线城市是 8：2，三四线城市是 7：3，差别很大。而且一线城市用户占比较少（少于 20%），二线城市用户（25% 左右）和三四线城市用户（60% 左右）占比较高。这时候就需要将性别和城市级别两个变量结合起来，根据我们已知的整体用户比例情况设置合理的配额。如果要调研 1000 个用户，根据上面的已知条件，我们应该设置如表 3-4 所示的样本配额。

表 3-4　样本配额示例

	男	女	加和
一线城市	80（8%）	80（8%）	160（16%）
二线城市	200（20%）	50（5%）	250（25%）
三四线城市	420（42%）	170（17%）	590（59%）
加和	700（70%）	300（30%）	1000（100%）

要用哪些变量来做配额，每个部分的配额比例是多少，是根据业务的实际情况来定的，难以给出通用原则。通常来说，用来进行配额的指标主要有两类：一类是用户的基本人口统计信息，如年龄、性别、职业、地域、收入；另一类是业务相关的配额，例如当我们调研中国市场手机用户时，有时需要根据用户使用的手机品牌（苹果、华为、三星、OPPO 等）进行配额。这类配额会随业务不同而不同。

有时候我们还需要对数据进行加权处理。这是因为调研问卷发出去之后，用户填写不受我们控制，导致收上来的问卷跟我们的配额或者大盘用户构成不一致。比如我们原先只想调研 400 名男性用户，但是却收到 500 名男性用户的问卷。那应该怎么办呢？出现这种情况时，可以通过后期数据分析的样本加权来进行调整。之所以加权，简单来说是因为每个用户的实际"分量"并不一样，如果不进行任何加权的话，每个用户的分量会被认为是平等的。当样本的构成跟整体不一样时，这样的平等可能会给调研带来偏差。假设我们希望样本中男女比例是 6：4，但是收集的数据中男女比例是 7：3，很明显男性用户偏多，女性用户偏少。如果我们不进行加权的话，就会出现男性用户被过度代表（overrepresented），而女性用户却没有被充分代表（under-represented）的情况。权重的计算公式如下：

权重值 = 总体中某类群体的百分比 / 样本中对应群体的百分比

在上面的案例中，男性用户的权重 = 60%/70% = 0.875，简单理解，就是说一个男性用户的样本话语权要按照 0.875 打折，而不是 1，女性用户权重 = 40%/30% = 1.333，也就是说一个女性用户的样本话语权要提高到 1.333。通过这样的调整可以保证样本的代表性。

其实权重一直隐形地存在于我们的工作生活中，只是我们没有意识到。比如公司面试一个程序员，假设他已经通过了前面的组长和总监面试，相当于 2 票已经通过了，但是最后总经理面试不通过，相当于 1 票不通过。这时候这位程序员大概率会面试不通过，因为总经理的这 1 票的权重很高，比前面的 2 票加起来都重要。

2. 确定样本量

定量研究需要多大的样本量？这是一个很难通过一两句话简单回答的问题。而且在学术上，确定样本量也有非常多的方法和统计手段，这里不做过多讲解，感兴趣的读者可以阅读《市场研究中的统计分析方法：基础篇》《用户体验度量》两本书中的对应章节，我们这里仅仅从最简单、直观、实用的角度对样本量的确定方法进行讲解。

样本量的多与少，很大程度上取决于我们后续的数据分析要求。如果只计划进行整体统计分析（例如，只看整体用户满意度分数），不涉及交叉分析（例如，从年龄段、性别等维度分别看用户的满意度），通常来说 100 个样本就够了，极端情况下 30～50 个样本也是可以接受的。但是一般问卷调研都是需要进行交叉分析的，此时，样本量可能会成倍增加。在需要交叉分析的调研中，通常要求每个细分维度里的样本量要大于 30，这里的细分维度是指我们看数据的角度，如性别、年龄段、职业、学历等。为了方便理解，我们以用户购买的扫地机器人的价格为例来说明，如表 3-5 所示。如果我们只想从整体上了解扫地机器人的价格分布的话，这时候样本量是 110 个，是足够的。如果我们想从性别的角度看数据，男性用户 58 个，女性用户 52 个也是可以的。但是如果我们想从年龄段的角度看数据，18～25 岁和 46 岁以上用户的样本量都少于 30 个，再算百分比的话就不太合适。这时我们就需要补充样本，直至 18～25 岁和 46 岁以上年龄段用户多于 30 或者 50。可见，数据分析的目的不同，对样本量的需求也不一样。在实际调研项目中，需要根据分析的目的及时调整样本数量。

表 3-5　用户购买的扫地机器人价格

	整体	性别		年龄			
		男	女	18～25 岁	26～35 岁	36～45 岁	46 岁及以上
样本量 N	110	58	52	25*	35	40	10*
扫地机器人价格（1000～2000 元）	18%	17%	19%	12%	20%	15%	40%
扫地机器人价格（2000～3000 元）	50%	52%	48%	36%	46%	70%	20%
扫地机器人价格（3000 元以上）	32%	31%	33%	52%	34%	15%	40%

3.2　访谈

国外有一本叫作 *The Mom Test* 的关于访谈的书，这本书的副标题是：当每个人都在撒谎的时候，我们如何向顾客学习（how to learn from customers when everybody is lying to you）。作者在开篇就提到：试图从用户访谈中获取知识，就像挖掘一个考古现场。真相就在底下的某个地方，但是现场太脆弱了。你挥出去的每一铲都会让你更接近真相，但是如果你用力过猛的话，很容易把真相弄得支离破碎。作者认为你不应该向你的家人或者朋友询问你的想法是不是一个好想法，因为他们会出于鼓励你或者其他原因倾向于说好话。即使我们要询问普通用户，也要小心翼翼地问才能获取相对真实的答案，而且在问法、语气甚至表情上都需要谨慎，否则就会把"真相弄得支离破碎"。这个形象的比喻告诉我们，虽然访谈可以帮助我们了解真相，但是使用不当反而会破坏真相，让我们离真相更远。看似简单的访谈，做起来一点都不简单。

3.2.1　什么是访谈

访谈是一种定性研究方法，它无法帮助我们回答百分比、数量、平均值这样的问题，但是如果我们想获取用户的动机、观点和态度，希望用户描述详细的原因或者过程，就需要对用户进行访谈。定量研究可以告诉我们是什么，但是却无法很好地回答为什么。而访谈可以很好地回答为什么，揭示现象背后的本质。访谈的魅力在于研究的深度与探索性。

访谈又分为针对单个用户的一对一访谈和针对多个用户的

焦点小组访谈。前者是对单个用户全方位的深入研究，后者则是针对一个或几个重要问题对多个用户的访谈。鉴于这两种访谈方法、形式都有很大差异，我们分开讲述。

3.2.2　一对一访谈

我们接下来主要讲述一对一访谈的全流程和访谈技巧。

1. 访谈全流程

（1）用户筛选与邀约

用户筛选的目的是确保参与调研的用户符合条件。定性调研是一种需要耗费较多财力和人力的调研方式，为了确保访谈可以真正获取到有意义的内容，在前期要对用户进行筛选。一般会通过让用户填写甄别问卷来完成对用户的初步筛选，找到我们的目标用户，同时筛掉不想访谈的用户。例如，可以通过问用户职业，筛掉敏感职业从业者（如需要筛掉调研行业从业者和广告行业从业者）。有时候甚至需要筛掉不善于表达自我的用户，因为这会影响访谈产生的洞察的有效性。

在用户筛选阶段，另一个需要关注的事情就是样本配额，一般是根据业务需求和调研目的设置合理的用户比例。

接下来要对筛选出的用户发起邀约，明确告诉他们访谈的时间、地点、注意事项等，用户研究人员也要做好对应的排期。

（2）邀请用户填写日志

当确定了邀约用户之后，有时我们会邀请他们就研究主题填写用户日志。用户日志是让用户通过写日记的方式，按时记录我们所关心的用户活动（如产品购买活动、产品使用活动等）。用户日志的内容可以非常灵活，包括文字记录、拍照、手机截图等。用户日志的形式也可以是多样的，如 PPT 或者 Word 文档，我们需要在文档中规定好用户填写的内容，请用户定期按要求填写。用户研究人员通过研究这些记录可以建立对用户的初步了解。这样，等到用户访谈时，我们就可以做到有的放矢地深入追问。当然实际工作中并不是每次访谈都需要用户填写日志，如果我们认为非常有必要提前对用户做初步了解，或者要根据用户填写的日志内容进行深入追问的话，那么可以请用户提前按照要求先写一份日志。我们在访谈用户之前要先查阅用户所填写的日志，寻找其中有疑问的点和重点内容，以便后续在访谈中进行追问与了解。

（3）编写访谈提纲

在用户筛选和邀约的过程中，研究人员可以着手编写访谈提纲。访谈提纲要紧紧围绕着研究目的展开。由于访谈也是以问用户的形式开展，因此我们在前面问卷中提到的注意事项，比如问用户能回答的问题等，同样适用于访谈。

访谈提纲之所以被称作提纲，是因为它仅仅是一种纲要、一种框架，我们在实际访谈中要尽量遵循这个框架，发挥它的提示作用，避免在访谈中遗漏重要问题。我们编写出来的提纲可能看上去比较泛泛而谈，但是用户访谈的精髓并不体现在访谈提纲上，而是体现在实际访谈中的灵活提问上，根据用户的作答不断深入下去，直至探寻到我们想要了解的问题的答案。访谈提纲只是第一层级的提问，后面需要根据用户的回答灵活提问。我们无

法预料到用户会说什么，所以很难将后面几层的提问事先设计在
访谈提纲中。如表 3-6 所示，对于用户 1 和用户 2，第一层级的
提问都是按照访谈提纲进行的，但是后面的提问则需要根据不同
用户的实际情况进行调整。所以在实际访谈中，我们既要遵循访
谈提纲的框架提问，也要保持灵活开放，而不拘泥于提纲。可以
说，访谈最主要的诀窍并不体现在访谈提纲中，而是体现在具体
的访谈技巧中，这一点我们在后面会单独介绍。

表 3-6　访谈提纲和实际访谈中的对比

访谈提纲的问题	实际访谈中的提问	
你是否购买过苹果的 iCloud 云存储功能? 为什么?	用户 1	访谈者：你是否购买过苹果的 iCloud 云存储功能? 用户 1：我没有购买过。 访谈者：为什么不考虑购买呢? 用户 1：我觉得它太贵了，一年要花好几十元。我喜欢用免费的云存储软件。 访谈者：那你现在用过哪些免费的云存储软件? 用户 1：我现在用百度云盘、腾讯微云等。 访谈者：那你觉得免费的这些云存储软件的使用体验如何? 用户 1：我感觉好像它们也要开始收费了，如果真要收费的话，会和 iCloud 比较下价格，看哪个更便宜。
	用户 2	访谈者：你是否购买过苹果的 iCloud 云存储功能? 用户 2：什么是云存储功能? 访谈者：云存储就是可以把你的相片、联系人、笔记等存到云端，这样可以帮你省下更多的手机空间，在换手机时，就不用来回回导资料，直接登录账户就可以在新手机上看到。 用户 2：哦，这个很需要，前两年我换苹果手机的时候导照片就很麻烦，还是请教别人才搞定的，如果这样的话就很好，这个服务大概要多少钱? 访谈者：分不同的容量，如果需要使用 50G 的空间，每个月的费用是 5 元，一年的费用是 60 元。 用户 2：那有点贵，我再看看要不要买。 访谈者：那什么情况下你会买呢? 用户 2：我现在不换手机，后面换手机再看吧，如果导资料还是像之前那么麻烦，说不定我就直接买这个云空间了。现在我还不确定要不要买。

（4）用户访谈基本流程

一般来说，正式的用户访谈包括以下四部分：开场、暖场与热身、访谈正题和结束。

开场部分——主要向用户介绍一些基本情况，涉及以下内容：①访谈者的简单的自我介绍；②简要介绍访谈目的；③访谈资料的用途（仅用于内部分析不外传，会做好保密工作，消除用户疑虑）；④告知用户要注意的问题，例如，用户只需要按照自己的实际情况讲述、表达自己的观点，用户的回答并无对错之分，减少用户的心理包袱。我认为"访谈"这个词是从研究者的角度出发的术语，偏正式，可以改用"聊天""谈谈想法"等这样的话术跟用户沟通。把用户请到一个他们不熟悉的环境中，会让用户感到不自然，所以我们应该尽量避免这种情况，让用户在自然、放松的状态下讲出他们的故事和观点；⑤用户需要知悉的其他情况（如访谈大概持续时间，如果现场有录音录像，也要明确告知用户）。

暖场与热身——访谈的暖场部分，一方面是要跟用户建立融洽的关系，另一方面是通过询问用户的一些生活工作情况或者兴趣爱好等，对用户有一个基本了解。这部分的问题可以包括家庭情况、生活状态、工作与职业、人生观、价值观、消费观、科技观、求学经历、个人成长经历和原生家庭情况，等等。可以根据具体的项目目的进行调整，例如，当我们调研用户对快消品的购买和使用情况时，就不需要了解科技观这样的信息，但是当调研手机、电脑、扫地机器人等科技类产品时，就需要了解用户对科技的看法和理解。

访谈正题部分——这是访谈最主要的部分，也是回答好我们的研究问题的最关键的部分。当然它的内容会因研究主题和目的的不同而不同。后面的访谈技巧与注意事项，主要是针对访谈正题而展开的。这里暂时不多讲述。

访谈结束——最后感谢用户配合，给予用户礼品或者礼金，引导用户离开。

2. 访谈技巧

这里分享我在学习实践过程中总结出来的 16 个访谈技巧。

技巧 1：记录要点。

对于访谈者来说，主要记录要点和关键词，访谈者记录这些内容的主要目的是让接下来的访谈更加流畅有效，特别是涉及后面的追问的时候，如果一开始没记录好，很容易现场丢失线索而无法有效追问。比如，我们询问用户在购买产品时比较了哪些品牌，当用户说了 A、B、C、D 四个品牌时，我们就要迅速记下来。假设接下来我们用 2 分钟详细询问用户对比 A 品牌时是如何思考的、有哪些关键行为等，然后要继续问 B、C、D 品牌的对比情况。如果我们一开始没有记录前面的要点，可能会忘记用户说的是哪些品牌，还需要跟用户进一步确认才能够继续问下去，影响效率，也会让用户觉得我们心不在焉，影响用户对后续访谈的积极性和配合度。

访谈者只需要记录要点，是因为访谈者的主要精力在于引导用户讲述自己的观点和行为。但是对旁听者的要求就不一样了，旁听者做记录时要更详细一些、结构化一些，记录过程中的一些即兴思考也可以顺便记下来。虽然后面也会有逐字逐句的笔录，但是访谈中记录的内容无疑会令我们的印象更深刻。

技巧 2：先总后分、先易后难。

依照我们的访谈主题，要从大处着眼，先问宽泛的问题，再逐步细化。假设我们的研究主题是了解用户使用移动支付的行为，访谈开始时，可以这么问：

请问你一般在哪些情况下使用移动支付？

而不是一开始就问太细的问题，比如这样：

- 当外出就餐时，你喜欢使用哪种支付方式？为什么？
- 当线上购物或者点外卖时，你喜欢用哪种支付方式？为什么？
- 当线下逛商场时，你喜欢用哪种支付方式？为什么？

后面这些问题可以视为在支付场景阶段对前面大问题的拆解。在访谈的过程中，为了不限制用户的思维，建议不要在一开始就跳入细节，应该先问前面的大问题。有些用户在回答这个大问题的过程中可能已经回答了后面的部分问题，如果用户没有提及，我们再逐个追问后面这些详细的问题。

访谈往往是由很多部分或者主题构成的，我们在每一部分或者主题开头时需尽量遵循先总后分的原则，根据用户对总的问题的回答情况进行追问，然后在这一部分快要结束的时候，对照细分问题看哪些还没有问到，再进行补充提问。

另外，先易后难、循序渐进地问问题对用户比较友好，如果一上来就问比较难的问题，会让用户在心里打退堂鼓，降低用户的参与度。为了做到先易后难，我们可以把相对简单的客观事实类问题放在前面，把需要用户思考的观点、态度类问题放到后面。

技巧 3：重点突出。

重点问题重点问，非重点的问题简略问。重点问题就是围绕我们要研究的问题而展开的访谈问题，例如我们想了解用户购买产品的过程，那么访谈过程中就一定要重点问购买相关的问题：从购买动机的产生、信息收集、购买决策与对比到购买渠道等每一个环节都要仔细问。非重点问题，比如，用户年龄、收入、学历、家庭结构、工作、休闲娱乐方式、价值观、消费习惯等问题可以简略问。这些问题一方面可以拉近我们与被访者的距离，另一方面也可以让我们更好地理解用户行为。例如，在某次访谈中，我发现用户在购买产品时偏好设计得中规中矩的产品，不会购买夸张风格的产品，但是他又表现出喜欢大胆或者夸张一些的设计。为什么这么矛盾？仔细了解后发现，原来该用户是一名销售人员，平时需要大量接触客户，要给人一种靠谱的感觉，让人产生信任感，所以他在购买产品时不会选择夸张的外观。把用户的职业信息作为一个线索和背景信息，可以让我们更好地追溯到用户偏好背后的原因。

技巧 4：问题保持客观中立，避免暗示用户。

这一点跟我们之前问卷调研中问问题的原则是一致的，要尽量避免通过问题对用户进行诱导和暗示。例如：这是我们改进设计后的产品，你觉得怎么样？面对这种问法，用户的内心活动可能是：已经对产品做了改进，难道可以说不好吗？比较好的问法是：对于这个产品，你觉得怎么样？另外，我们的眼神、动作、语气等也要保持中立。例如，有的人在做访谈时通过语气和眼神等隐隐透露出了这样的信号：这款产品很好，是我们花费了很多精力打造出来的。用户通过这些非言语信息感受到访谈者背后潜藏的这些信息后，可能会更倾向于认可该产品。所以，我们要尽量规避这种隐形的暗示和引导。访谈者的一些语气词也会对用户造成微妙影响，体会下面两种语气词的含义。

“嗯，嗯，好的。”

“啊？这样呀 / 这样的嘛。”

我在访谈中也会无意识地用到上面的语气词。第一个语气词会让用户觉得："我说的是对的""对方对我讲的内容感兴趣"。当然，这里不是说在任何情况下都不适合用这个语气词，当我们为了鼓励用户多讲述自己的故事时，可以用这样的词语间接鼓励用户继续讲下去。但在有的情况下是不适合的，比如在可用性测试中，如果我们频繁透露这样的语气，可能会给用户"我这么操作应该是对的"这样的暗示。第二个语气词会让用户感觉自己做错了或者说错了什么，怀疑自己说的话会让人感觉很意外、很另类。一旦用户产生这样的感觉，用户后面的表达就会小心翼翼，不再愿意透露更充分的信息。所以要尽量杜绝使用这种语气词，它会妨碍用户继续流畅地表达自己的观点。

技巧 5：以问题应对用户的问题。

在访谈过程中，用户有时候会反过来问我们一些问题。例如在可用性测试中，用户可能会问我们这样的问题："我这么操作是对的吗？"，"下一步应该怎么操作？"，"我感觉很多人都不喜欢这个，对吧？"。这时候我们要抑制住回答用户问题的冲动，反问用户他们的想法是怎样的。通过反问更好地理解用户的思考逻辑和思维方式，这才是我们重点要了解的内容。再比如，在外观类测试中，有用户会问我们其他人是怎么选择的。这时候我们不能直接回答，因为这也会在无形中对当前的用户产生影响。我们可以反过来问：你是怎么猜的呢？原因是什么？用户可能会说："我觉得大部分人会选择 A 款式，因为这个颜色现在很流行，但我不太喜欢。"通过这样的反问我们可以搞清楚用户的视角与逻辑，他明显是认为大部分人会由于颜色流行而喜欢 A，而自己却另有偏好。

技巧 6：及时、有效的追问。

访谈作为一种定性研究，最大的优势在于它可以帮助研究人员对用户进行深度了解。如何做到深度访谈呢？很重要的一点就是有效的追问。可以采用"5why 问法"或者"5so 问法"。5why问法是针对一个问题多次追问为什么。5so 问法是通过不断问用户"那又怎样？""所以呢？""这意味着什么？""这将会产生什么影响？"等问题，让我们更了解一些现象背后的用户价值。例如用户说需要用钻孔机钻一个孔，我们就要了解这个孔对用户意味着什么，是为了装一个相框吗？如果是，还要继续了解这个相框对用户意味着什么，等等，直至了解到用户的本质需求。当然实际访谈中不一定问 5 个 why 或者 5 个 so，有时候 1～2 个问题就够了，原则是能追问到有价值的信息为止。例如下面的访谈信息就通过两次追问，加深了我们对用户使用耳机的动机的理解：隔绝外界噪音，创造一个自己的私人空间。

　　用户：我一进地铁，就会戴上耳机，听听音乐。

　　访谈者：为什么在地铁里想听音乐呢?

　　用户：下班路上感觉比较烦躁。

　　访谈者：为什么会感觉烦躁呢?

　　用户：上完一天班，本来就感觉很累了，如果再听地铁里这些乱糟糟的声音就会心情不好。用耳机听点自己想听的，心情会舒缓一些。

　　当然追问并不是说任何问题都要泛泛地进行追问，而是要围绕以下几类问题进行重点追问：

　　第一类是我们研究的重点问题，一个研究要有重点和次重点，重点部分要加强追问，问细问透，而次重点部分的追问力度可以弱一些。重点在哪里，就在哪里多进行追问，这个很容易理解。

　　第二类是用户主动提到一些解决方案的时候，需要加强追问。虽然用户提出的解决方案可能没有太大价值或者不是最优方案，但是我们通过追问能了解用户的想法和动机。比如用户希望多加个按钮，或者希望增加某个功能。这时候要及时追问用户提的解决方案背后的动机是什么，是为了实现自己的什么目标。

　　苏杰在《人人都是产品经理 2.0》一书中提到一个如图 3-4 所示的 Y 模型，我认为很有启发性。之前我们在访谈用户使用电商网站的体验时，用户经常吐槽价格波动大，希望价格稳定一些。这就是用户提出的解决方案，是 Y 模型的左上部分。这时候我们应该继续追问用户价格波动给他到底带来了哪些具体的、不好的体验。用户可能会说自己之前买了一件 200 元的衣服，过了两天就降了 50 元，感觉买亏了。对这个用户来说，他的需求其实是降价了能有一些补偿。这样我们就了解到了用户的动机及需求，也就是 Y 模型的底部。然后我们再基于这个底层的需求和动机，去想有哪些产品解决方案，也就是 Y 模型的右上部分。

用户的解决方案：　　**产品解决方案：**
价格稳定　　　　　　　价保 / 降价预告等

需求 / 动机：
价格降了能有补偿

图 3-4　需求的 Y 模型

　　第三类是在用户透露出了一些线索（如某种不寻常的行为，或者观点），但是我们又想了解更多的情况下，通过追问搞清楚线索背后的意义。这需要我们在访谈中保持敏感性。我们常用"说者无意，听者有心"来形容一个人敏感，这是访谈过程中我们需要有的特质，可以帮助我们从用户的只言片语中发现不同寻常之处。比如，之前在访谈某位用户时，他提到苹果的手机性价比高。这样的说法乍看上去是反常识的，我们知道苹果手机一般价格比较贵。这时候就要进一步追问，用户为什么这么想？原来用户觉得苹果的产品比较耐用，可以用上好几年。可见在这个用户的心中，性价比并不是指产品便宜，"贵的值，用的久"也是一种性价比。这就拓展了我们对性价比的定义和理解。

有效追问是一种鼓励用户多说的手段。如果一场访谈中，访谈员说的话比用户还要多，就像图 3-5b 那样，这就意味着访谈的失败。我们应该像图 3-5a 那样，鼓励用户尽量多说，而访谈员少说，只做引导。

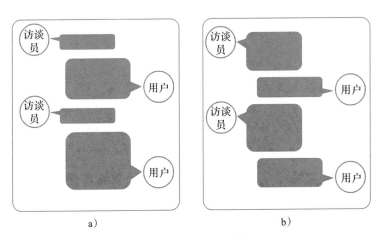

图 3-5　用户访谈的两种状态

访谈中，我们可以通过问以下问题来引导用户多说话：

- 为什么？（追问原因）
- 那又怎样？（追问价值和意义）
- 能举个例子吗？（如果用户提出一个比较抽象的概念，请他进行阐释）
- 还有吗？（让用户列举或者回忆一些事情时，通过这个问题进行引导）

- 然后呢？（让用户再讲一些流程性的事务时，通过这个问题引导用户继续说下去，如购买流程、使用流程等）
- 你觉得呢？（当用户问我们一些问题时，比如这个图标代表什么含义？我这么做是不是对的？等等，不要给予正面反馈，需要继续询问用户的感觉和观点）

在实际访谈中，总是问用户为什么，很容易让用户感觉是我们在"反问""质问""质疑"，引起他们的厌烦和防御心理，这是我们应该竭力避免的。我们应该让用户感受到我们在"探寻""向他们学习请教"。为了做到这一点，我们需要在措辞、语气、表情等方面表现出我们是在学习、探寻、了解，而不是质问、反问，要建立一种更具有建设性的对话模式。如果用户在访谈中表现出厌烦和防御的话，可以向他们解释我们只是单纯想搞清楚问题背后的原因，以获得用户的理解，从而更好地服务像被访者一样的用户。通过这样的方式，尽量让用户感觉我们和他们站在同一面，而不是对立面。

技巧 7：避免问带假设或倾向的问题。

带假设和倾向性的问题会给用户形成一种预设，而这种预设本身可能就是错误的。"你为什么喜欢这款产品？"这个问题里有一个隐含假设：你喜欢这个产品，但是这个前提可能并不成立，更正确的问法是："这款产品你感觉怎么样？"有时候我们会邀请产品经理一起参与调研，当用户没有选择我们的产品而选了竞品时，产品经理内心就很焦急，往往会在不经意间问用户这样的问题："你为什么不喜欢用这个产品？"这同样是一个有隐含假设的问题，即用户不喜欢这个产品，但是用户没有选择我们的产品，不一定代表不喜欢，而可能是经过综合考虑的结果。

技巧 8：有关将来的事情谨慎地问。

多数用户并不能很好地预测未来的事情，诸如：你会不会购买这个产品？你愿意花多少钱购买这个产品？这些问题都是有关未来的。用户的实际和决策行为会受到当时当地的情境的影响，当未来还没来之前，他们实际上很难预测自己的行为，虽然当我们这么问的时候他会给出一个答案，但是这样的答案往往不具有参考性。

技巧 9：少问是否类封闭问题，多问开放性问题。

封闭类问题封闭了用户的想法，而开放性问题正好相反。封闭类问题的特点就是问题中暗示了回答的内容。我们常见的是否类问题，就是典型的封闭类问题。例如，"你认为自己性格是内向还是外向？"这类问题很容易将用户的回答引向一种判断，限制被访者的思路：人的性格也不一定用内向和外向区分，还有众多其他细分维度，如热情与冷漠、稳重与活泼等。如果使用开放性问法："请你描述一下你的性格是怎样的。"这时用户的回答可能更加丰富，更加多元化，更有自由度。这也正是定性调研的优点。

还有一种更加隐蔽的封闭式问题，比如这样的问题：

当你用完这个产品，你感觉好用吗？或者产品的易用性怎么样？

这里的假设实际上是用户试用完产品一定会在易用性上有一

些体会，但是用户在这方面的感受可能并不是最主要的。假如我们这么问的话，多数用户就只能按照我们事先"引导"的方向去回答。更好的问法应该是：

当你用完这个产品，你的感受是怎样的？

当我们这样问问题时，用户可能会从易用性这个维度来回答问题，也有可能从外观（漂亮或不漂亮）、材质（舒服或不舒服）、携带（方便或不方便）等维度来谈感受。当然，你可能会说，如果我们只想重点了解用户在易用性上的感受，怎么办呢？可以先问用户的感受，如果用户没有从易用性这个维度上回答问题的话，再追问用户在易用性方面的感受。

开放性问题有什么特点呢？这类问题通常包括"什么""如何""为什么""怎样"之类的词语，更直观一点说，用户回答的内容不在题干上。所以，我们在访谈中要多运用这些关键词。当然封闭性问题并不是说不能用，前面说封闭类问题封闭了用户想法，反过来，其实封闭性问题也指明了我们想要了解的访谈方向。如果你去问一个用户："你感觉你的生活怎么样？"用户可能不知道如何回答，或者有可能反过来用奇怪或者莫名的眼光看着你，因为问题太泛了。这时候可以问用户一个封闭性问题：你觉得现在的生活状态好还是不好？然后根据用户的回答进一步追问好或者不好的原因。

技巧 10：谨慎问用户解决方案类型的问题。

什么样的问题是解决方案类的问题呢？比如直接问用户：想要什么样的扫地机器人 / 手机 / 清洁剂？或者你想要什么样的功

能？其实上面这些问题是业务方（产品经理或者老板）要回答的问题，而不是用户要回答的。我们一定要避免把业务的问题直接拿去问用户。虽然当我们问出这样的问题时，用户会给出一个答案，但是如果我们直接照做的话很有可能导致错误。例如我们问用户喜欢什么样的清洁剂时，他会说：性能更好的。但是如果我们采取强化配方的策略可能就大错特错了。这是一个实实在在发生的案例。当时宝洁的竞品 Ajax 进行调研时提出的问题是这样的：你要花多长时间来清理厨房？你怎么知道它被清理干净了？通过调研，Ajax 发现被调研用户平均一周清理 6 次厨房，所以不需要性能更强的产品，且用户认为当厨房闻起来很清新的时候就代表清洗干净了。所以，Ajax 把产品方向定义为使用一种更浓郁、持久的香氛来满足用户清洗干净的需求。结果，Ajax 赢得了更多用户，而宝洁加强清洁剂性能的策略并没有得到很好的反馈。

可口可乐全球营销副总裁哈维尔·桑切斯·拉米拉斯曾说出了这样的忠告："消费者是说不出什么洞见的，他们不知道什么是可行的，只会提供不切实际的解决方案。更糟糕的是，他们甚至不知道自己想要的是什么。"我们只能经过调研从中提炼和总结出洞察。所以，我们要尽量少问或者不问解决方案相关的问题，以免对我们形成误导。

技巧 11：转述与确认。

有时候用户谈的比较多，但观点不鲜明，或者我们没有太理解用户的观点，此时访谈人员应该通过转述和确认的方式来跟用户确认他的观点，以免误解用户原意。可以采用类似如下的方法对用户的观点进行转述：

你的意思是不是说×××？我的理解对吗？

你刚才讲的也比较多，你能不能再简单概括下你的观点？

技巧 12：全身心倾听，不轻易打断用户谈话。

倾听是一门艺术，我们经常用"左耳朵进，右耳朵出"来形容一个人心不在焉，这是我们要竭力避免的。真正的听是心与心的交流，访谈中要做一个积极主动的倾听者，将自己的注意力都放到受访者身上，给予对方最大的、无条件的、真诚的关注。要给用户这样一种感觉：你说的一切都是重要的，我们很感兴趣。唯有这样才能引导用户说出更多，也只有全身心倾听我们才能够在访谈中不断问出高质量问题。

另外，打断用户说话是非常不礼貌的行为，也不利于用户进行流畅的表达，当然，这也并非绝对，当出现用户严重跑题的情况时，可以适当打断将用户拉回正题。

技巧 13：容忍沉默。

有时候被访者需要思考、回忆，或者不太理解我们询问的问题时，会出现短暂的停顿和沉默。访谈人员要有耐心，而不要着急去打断。先看看用户接下来会说些什么。当然，如果他们说不太了解问题的话，我们可以对问题进行重新表述。

技巧 14：捕捉访谈中的非语言信息。

用户访谈不仅要获取用户的言语信息，也要注意观察和捕捉非语言信息。用户的声音、语调、面部表情、身体语言都能传达丰富的信息，但是很容易被忽略掉。美国心理学家 Albert

Mehrabian 提出了一个"7%-38%-55% 规则",为了保证准确性,这里我把作者原文列出来:

Total Liking = 7% Verbal Liking + 38% Vocal Liking + 55% Facial Liking

翻译一下,是这样的:

总的喜欢 = 7% 口头语言的喜欢 + 38% 语气的喜欢 + 55% 面部表情的喜欢

如何理解这个规则呢?如图 3-6 所示,人们喜欢一个事物时,口头语言仅仅传达了 7% 的信息,更多的是通过语气(占 38%)和面部表情(占 55%)等传达出来。如果用户喜欢一件事物,他的口头语言、语气和面部表情应该是一致的,这个容易理解。这个原则更重要的指导意义在于:如果我们发现用户口头上说喜欢,但是语气和面部表情表现得正好相反的话,就应该认为用户是不喜欢的,因为口头语言的权重仅占 7%,而剩余两者的权重高达 93%。

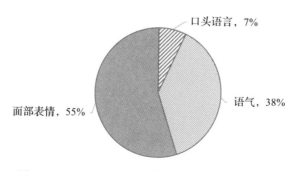

图 3-6 Albert Mehrabian 的"7%-38%-55% 规则"

当然这里我们不要过度纠结于具体的比例，本质上，这个理论要告诉我们的是非语言在传达用户喜好方面，相比于语言信息更加真实。其实这也很好理解，人可以用"口头语言"来伪装自己喜欢某种东西，但是人的语气和面部表情则很难"配合"自己的伪装，因为后两者更加本能、更难以控制。在这种情况下，人的语气和面部表情"出卖"了用户。当然 Albert Mehrabian 也指出，如果谈话的主题并不是获取用户的偏好，那么这样的规则并不适用。所以，当我们做 MVP 测试、新产品外观测试等主要以获取用户喜好度为目标的访谈时，特别要注意用户的非语言信息。在其他场合，则可以减少对这类信息的关注。

技巧 15：听其言观其行，访谈中邀请用户展示给我们看，或者让用户操作。

用户访谈一般跟用户是面对面的，我们要充分利用这种面对面的"优势"。可以让用户展示一些内容或者请他们进行一些操作，我们则在现场观察。用户访谈中通过语言所表达出来的内容，往往是他们记忆中的信息，是概括性、粗线条、笼统的。但是当让他们在现场进行操作时，我们往往会获得更多细节内容，从而通过这些细节加深对用户的理解。例如当我们问用户每周使用微信支付的频率时，用户会告诉我们一个答案，这时候我们可以进一步询问用户是否可以查看他的手机上的支付账单，再次确认下用户说的是否准确。我的切身体会是，很多时候实际的账单和用户的回答有很大出入。所以要用户展示给我们一些客观的事实和内容比单纯听用户说更准确。甚至有时候用户看完自己的账单都觉得不太相信，原来自己这么频繁地使用微信支付。

有时候我们要重点了解用户的流程性问题（如购买决策流程、使用流程），此时也可以请用户现场演示给我们。例如我们想重点了解用户在购买产品时是如何决策的，可以让他们在手机上模拟当时购物的流程，如，用户是如何寻找和搜索自己想要购买的产品的呢？是先搜索产品品牌（如华为）、产品品类（手机），还是先搜索某个具体的产品型号（华为 Mate40）？用户主要关注和对比哪些产品指标？对用户评论的关注程度是怎样的？是不是只关注负面评论而较少看正面评论？针对这些疑问，我们都可以通过一边让用户操作，一边问他们一些问题来了解。

技巧 16：不要纠正用户，用户永远是对的。

用户研究人员作为业内人士，对具体业务的了解情况比用户更全面，而用户在访谈中的观点可能是片面甚至是错误的。但是我们要克服这种纠错的心态，在访谈中不要去纠正用户的想法，而且要从内心坚信用户永远是对的，这样才能帮助我们挖掘到更多问题。

例如，在微信支付起步阶段，访谈中经常遇到用户说微信支付不安全。这时候有的用户研究人员会抑制不住想要纠正用户的冲动，列举我们采取了哪些措施来保证支付的安全。但是，更好的做法是接受用户观点，然后进一步去了解用户是如何形成这样的想法的。例如，用户可能会说每次支付都不需要输入密码，总感觉不安全，如果别人捡到了我的手机是不是可以直接刷卡扣钱，用户也可能会说是因为看到一些在微信上骗钱的新闻所以觉得微信支付不安全。这样我们就从用户的角度了解到问题的成因，而不是站在业务的角度去否定用户的想法。

访谈中跟用户争论是毫无意义的，要站在用户的角度，接受用户的感受、观点。这有助于我们从用户视角来看用户为什么会形成这样的认知，这些洞察对我们的业务同样有启发意义。例如，在上面的案例中，我们理解了用户为什么觉得微信支付不安全后，可以采取一些针对性的应对措施，进而提升用户对支付的安全感知。

3.2.3 焦点小组访谈

1. 焦点小组简介

焦点小组访谈是一种定性研究方法。一般由研究者主持，预先设定的访谈问题，与一组用户（通常是 5～10 名）进行交谈，以了解他们对特定的问题或者产品的看法与观点。相比一对一访谈，焦点小组访谈被认为是一种更加高效的访谈形式，因为它可以让访谈者在 2 小时内了解多名用户的反馈和想法，采集到更加丰富的数据。

焦点小组访谈，跟一对一访谈一样，需要用到同样的访谈技巧，也需要规避同样的问题，这里不再赘述。

2. 焦点小组访谈注意事项

焦点小组作为一个群体访谈，有其需要特别注意的问题，本部分主要针对焦点小组特有的注意事项展开介绍。

（1）焦点小组内的用户保持同质

焦点小组内的用户尽量保持同质，特别是在我们要涉及多个焦点小组，且每个小组的定位有所不同的情况下。例如我们想分别访谈商家、用户、服务商对微信支付的看法，则需要分成 3 个组，不能把商家、用户和服务商放在一个组内进行访谈，而是要保持每个组内部身份一致，然后针对性地问问题。或者如果我们想了解高端、中端、低端用户的产品购买情况，也要按照价位段进行分组，而不能把不同的客户放在一个组内。

（2）平等发言机会，鼓励发言少的用户多表达自己

每个人平等发言，避免出现某个用户发言比较多或者"带节奏"的情况。一组人在一起难免出现有的人强势外向，说话直言不讳，而有的用户相对内敛，不愿意表达自己的观点的情况，此时主持人需要观察小组人员的发言情况，适当鼓励内敛的人发言，也要适度抑制发言欲望比较强的人"带节奏"。

（3）注意群体观点趋同现象

注意群体相互影响：群体的讨论结论更倾向于"趋同""中庸"。有一种观点认为，群体的智商反而是下降的，《乌合之众》这本书中也深刻揭露了这个问题："人一到群体中，智商就严重降低，为了获得认同，个体愿意抛弃是非，用智商去换取那份让人备感安全的归属感。"我自己在做焦点小组访谈的过程中也会感觉到这种效应的存在，有的用户的想法跟组内其他成员的想法不太一致，但是迫于群体压力并没有充分表达出来，这样最终只会形成一个大家表面上都认可的"共识"，使得观点多样性得不到充分表达。在焦点小组访谈中要注意这种倾向性。

为了避免这种趋同现象，有人建议在做焦点小组访谈之前，先让用户单独就我们所关注的问题进行思考并把思考内容写出

来，然后再聚在一起，让每个人充分表达自己的观点之后，再做讨论。相比直接请用户过来进行发言和讨论，这样可以最大程度上保留用户间的"差异性"，避免了趋同性。

（4）讨论跑偏时及时拉回正题

由于一组人在一起讨论问题，容易激发新的问题，而出现偏离主题的情况，或者太关注不重要的问题，导致重要的问题没有详细讨论就结束了。因此主持人需要把控好节奏，将时间用在主要问题的讨论上，一旦出现偏离主题的情况，立刻纠正，将话题拉回正轨。

3.2.4　访谈中好的问题和不好的问题

根据以上访谈原则、注意事项等，我们列举了一些访谈中好的问题和不好的问题。大家可以结合前面提到的内容，思考一下好的问题好在哪里，不好的问题不好在哪里。

访谈中好的问题示例如下：

1）你觉得这个产品怎么样？试用完这个产品你的感受如何？你对于这个产品或功能的第一印象是怎样的？

2）你说这个产品感觉比较普通，这对你意味着什么？

3）请跟我讲一下这件事情的细节？

4）能给我现场演示一下你平时如何使用 ×× 产品的 ×× 功能吗？

5）你刚刚提到 ××× 这个问题 / 现象 / 行为 / 想法，你能够详细讲一下吗？

6）当遇到这个问题时，你做过哪些尝试？

7）你现在如何处理这个问题呢？

8）请讲一下你购买这款产品时的情况？

9）听上去你的意思是说×××，我的理解对吗？／是不是这个意思？

10）你还有什么要补充的吗？／在你（购买、使用）过程中还有哪些重要的事情或者细节我没有问到的？

11）你能现场操作一下当时在×××网上购买产品的流程吗？

12）你说你喜欢×××类型的产品或功能，能举一个例子吗？

13）在这种情况下你会怎么办呢？

14）你刚才提到你觉得 A 平台比较可信，它的哪些做法让你产生了这种感觉？

访谈中不好的问题示例如下：

1）你认为这个想法是不是很好？

2）这个产品／界面／功能你是否喜欢？

3）你将来是否会购买这个产品？／你会购买有这种功能的产品吗？

4）你愿意花多少钱购买这个产品？

5）当网上购物支付失败时，你会感到焦虑吗？

6）你喜欢当前这款产品还是改进后的新产品？

7）你希望产品增加什么样的功能／体验／特性？

8）如果我们增加这个看上去很棒的功能，你的使用频率会更高吗？

9）你想要什么样的手机 / 清洁剂 / 扫地机器人？

10）你对这个产品的满意度如何？

3.3 观察

观察就是我们走出办公室，走入现场，贴近用户，感受产品实际使用场景。观察最大的好处就是能让我们更加感同身受地体验产品，从而设计出更贴近用户需求的产品。

3.3.1 什么是观察法

2020 年初，著名做空机构浑水调研公司（Muddy Water Research）发布沽空报告，认定某咖啡品牌财报造假。它为何有底气得出这样的结论呢？是基于扎实的现场观察研究。果不其然，后来该品牌也承认财务造假。如果我们仔细通读这份报告就不难发现，它主要使用观察法收集数据得出结论。报告开头是这样写的：

我们召集了 92 名全职和 1418 名兼职人员在现场进行监控，成功记录了 981 个门店日的客流量，覆盖了 620 家门店 100% 的营业时间。基于城市和地点类型的分布选择门店，与该咖啡品牌的 4507 家直营店预计 2019 年底开业的情况相同。该咖啡品牌的 4507 门店分布在 53 个城市，我们覆盖了 38 个城市，其中 96% 的门店都位于这些城市。我们通过该咖啡品牌店铺的详细地址来确定店铺的位置类型，将门店分为办公室、商场、学校、住宅、交通、酒店等。我们统计了每家门店的客流量，并用视频记录了从开门到关门的所有客流情况，平均每天 11.5 小时。

浑水调研公司发布的 90 多页的报告，都是基于其现场观察得来的结果。大部分研究者将观察归类为定性研究，但是从这个案例中我们可以看到，观察完全可以做成定量研究。

假设用户不会讲话，也不识字，我们应该如何研究呢？这时，访谈和问卷显然是无法派上用场了，需要用到观察法。事实上在动物学、植物学、天文学和人类婴幼儿的研究中，就是要用这种方法开展调研。观察，有时也被称为现场研究（field study），顾名思义就是让我们走出办公室，走进用户使用场景，在用户感觉最舒适、最自然的场景下进行调研。相比之下，把用户请到访谈室做访谈对用户来说是最舒适自然的状态吗？我想肯定不是。

3.3.2　观察为什么重要

相比前面我们提到的访谈和问卷调研，在实际用户研究工作中很少使用观察法，这是因为它不重要吗？相反，我认为它是非常重要的，所以这里有必要特别讲一下观察能给我们带来什么。

1. 观察产生的现场资料让我们的观点更有力量，更容易让人产生行动

《乌合之众》中提到："影响大众想象力的不是事实本身，而是它扩散和传播的方式。"我们在现场调研中产生的用户的录

音、录像、照片等资料，都能提升报告、观点的说服力，让业务方更容易产生动力去行动并解决问题。一图胜千言讲的也是这个道理。作为用户研究人员，我们主要通过翔实的数据、严谨的论证去说明我们的观点，让业务方产生行动。但是通过现场观察、体验以及现场材料而获得的感性力量同样不可忽视。曾长期担任可口可乐营销副总裁的拉米拉斯在《情感驱动》一书中明确指出："行动是由情感驱动的。许多人认为我们是用理性大脑来做决定的。其实不然，我们的行动主要是由情感来驱动的。"他说这番话虽然主要针对的是消费者和用户，但是工作中我们面对的产品经理、老板、运营人员的行为或决策也会或多或少被情感驱动。

我之前做微信线下刷脸支付业务调研时，发现用户长久以来一直面临这样的问题：用户的身高不同，有的用户太高，有的用户太矮，刷脸设备无法保证刷到所有用户的正脸，导致支付失败（摄像头高度是固定的且不支持自适应），或延长支付时间。这个问题长期存在，解决方案是让摄像头更能兼容不同身高的人群，但是研发人员一直没有改进这个问题。直到某次线下调研，我们拍了这样一段视频：一个矮个子女生在设备前反反复复踮脚好几次也没刷到脸，接着她向后退拉远距离后，才终于刷到了正脸，前前后后花了几十秒才支付成功。这个视频终于触动研发人员，开始增加 3D 摄像头以满足不同身高的人群刷脸需求。有时候就是这么微妙，我们摆数据、讲道理无法搞定的事情，一个小小的视频却可以。我觉得它们的区别可能在于，前者给对方的感觉是我们在说服他们，"被说服 = 被打败"是很多人无意中持有的底层逻辑，为了不被打败，维护自己的自尊，你的说服对象会找各种理由来反驳你提出的观点。但是在后一种情况下，他们通过看视频，是自己说服了自己去行动。自己说服自己的效果要远远大于他人说服自己。

2. 观察可以发现更细致的洞察

帕科·昂德希尔在《顾客为什么购买》一书中提到了一些对于门店来说至关重要的原则，且非常细微，这里摘录一部分内容供大家体会：是不是只有通过观察才能得出这些原则？

"大多数顾客习惯使用右手……实际上在取东西的时候，你的手可能在不经意间拿到你想要的东西右边的产品，因此，如果商店想要向顾客推销什么产品，就应该把这些东西放在靠近顾客所站位置的右边……比如你在放饼干的时候，就应该把最受欢迎的品牌放在正中央，即靶心，而把你想推销的品牌放在它的右边。"

"让顾客空着手很重要，在购物领域无论怎么强调将双手解放出来的重要性都不过分……如果购物者无法伸手摸一摸某些东西，他是不会买的……我很高兴看到有些零售商正在尝试一种巧妙的方法让顾客可以空着手购物，顾客一进门就可以把所有负担都卸下来。"

像上面这些洞察，几乎无法通过问卷和访谈获取，因为通过访谈或者问卷获取洞察，是有很多前提条件的。第一是用户要"自知"，也就是用户要对自己的行为、想法有准确全面的认识。第二是用户要"认真诚实"，特别是在回答一些敏感的问题时。第三，用户的回答要"准确"，这挺难做到的，例如我们在 3.1 节中提到的用户对自己使用 Facebook 的时间预估是非常不准确的。而观察不需要这些前提条件，所以能带来更详细的洞察。

3. 观察带来创新

全球著名的创新设计咨询公司 IDEO 前总经理汤姆·凯利在《创新的艺术》一书中提到：创新源于观察。为什么观察可以带来创新呢？因为只有在观察中研究，才是真正以用户为中心的研究，做问卷、做访谈都是以研究者为中心的研究，因为我们有着明确的问题，是以我们的视角来探索用户，是一种"由内向外"的视角，所以得到的答案不会太超出我们的思考范畴。而观察则是以用户的视角来启迪我们，是一种"由外向内"的视角，这往往会带给我们很多意外的收获和洞察。

3.3.3　用户研究中观察法的适用场景

一般，在以下几类情况下，我们需要采用观察法进行用户研究。

1. 由于各种原因，我们无法获取研究对象的真实数据

在对竞品调研或者对特殊调研对象的调研中，我们不可能获取到真实数据。如在我们一开始提到的浑水调研公司调研某咖啡品牌财务造假的案例中，研究人员不可能从咖啡品牌那里拿到真实的数据，所以只能通过观察的方式去做调研。同理，如果我们要了解竞争对手的产品使用情况，也只能通过观察法去做调研。比如当年支付宝刚刚推出刷脸支付产品时，微信支付如果要评估用户对这种新支付方式的使用情况的话，只能去收银台观察记录

才能得到结论。

2. 用户很难准确或者客观回答的细节问题，需要透过观察来发现

像前面《顾客为什么购买》提到的，对于用户倾向于拿右边的产品这样的规律，用户自己是很难意识到的。人在一天中要做无数次决策，对应无数次行为，有的是有意识的，但更多是属于"自动导航"下的无意识行为。这类行为无法通过问卷或者访谈问出来，但是可以通过观察捕捉到。

3. 作为访谈的一种辅助手段，通过观察获取更真实反馈

比如，我们要了解用户的卫生习惯，如果直接问用户从洗手间出来时会不会洗手，他可能会碍于情面，倾向于回答自己会洗手。而通过现场观察，你可能会发现用户所做的和所说的并不一致。

前面在访谈部分，我们提到要注意观察用户的非语言信息，特别是判断喜好度的时候，要注意用户的语气和面部表情。当用户口头语言跟语气、面部表情不一致时，后两者更加重要，这就是访谈中的观察，也是一种特殊的观察。

4. 研究课题、研究对象需要在真实环境中研究

产品的购买、使用都是在真实场景中发生的，离开场景去研究肯定不如躬身入局去现场研究更有体会。就像研究深海鱼一样，我们当然可以把它们捞出来后再进行研究，但是如果我们想要研究它们的生活习性、巡游习惯、捕食特点等就必须在它所生活的环境中去观察学习。把鱼从水里捞起来做研究，与把用户请到实验室做访谈，两者何其类似。假设我们想了解店员对顾客购买化妆品的影响有多大，如果直接通过访谈或者问卷询问顾客的话，很有可能得到错误或者不真实的信息。最好到真实的线下门店观察顾客和店员之间的对话和互动，看看这些互动是如何影响消费者的购买决策的，通过仔细记录和数据分析来评估店员对顾客的影响。

3.3.4　观察法的分类

观察法的分类方法较多，但我认为如图 3-7 所示的分类方法既简洁，又道出了不同观察法的区别。在这种分类中，根据研究者的参与程度及研究者身份是否透露给观察者，将观察法分为四类：完全的观察者、完全的参与者、以观察者身份不参与活动、以观察者身份参与活动。

资料来源：陈向明《质的研究方法与社会科学研究》

图 3-7　观察法的分类

1）完全的观察者（complete observer）：研究者的身份保密，而且仅仅观察不做参与。在前面浑水调研公司对某咖啡品牌的调查案例中，该公司就是完全的观察者。还有，我们去做竞品的调研时，也主要采用这种观察方法。简单来说就是，研究者在不干预用户、不与其互动或沟通的情况下进行观察，主要关注用户在自然状态下的行为。

2）完全的参与者（complete participant）：研究者的身份没有透露，但是会参与到活动中，而非仅仅观察。像酒店的试睡员、米其林餐厅的评分者等都是通过亲自体验产品，给出测评结论。在这样的调研中，研究者就是完全的参与者，而且被研究对象并不知晓他们的身份。

3）以观察者身份不参与活动（observer as participant）：研究者不参与活动但是会暴露身份，研究者在被研究对象知情的情况下观察他们的一言一行。在影随（shadowing）法或者陪同购物研究中，研究者就像影子一样跟随被研究对象，观察用户日常活动过程中的行为。在影随法中，研究者有可能需要与用户交谈，也有可能仅观察而不做任何介入。

4）以观察者身份参与活动（participant as observer）：研究者参与活动且暴露身份，与被研究对象打成一片，全程参与他们的活动，同时在整个过程中对用户做一些访谈。像游戏、电竞等用户研究，如果我们想了解用户的游戏行为与态度观点，就可以跟他们组队，一起玩游戏。通过参与相关活动，研究者更可能感同身受。

其实这四种观察的形式更像是观察的状态，在实际观察中是可以组合使用的。例如我们之前观察过收银员和顾客在收银台的支付行为，一开始我们到达收银台时采取的是"完全的观察者"方法，只观察但不暴露身份。一段时间后，门店经理注意到我们的异常行为并前来询问。于是我们告诉门店经理我们是微信支付的工作人员，来现场观察收银台的支付行为，并且已经提前跟门店总部打好招呼。在向他们展示了总部联系人的介绍后，我们被允许继续在现场进行观察。这时候就变成了"以观察者身份不参与活动"这种观察形式。

3.3.5　观察的步骤

1）明确观察目标：这一点不需要过多讨论，研究目的是我们首先要明确的问题。

2）拟定观察提纲或者内容：如何进行观察？观察什么行为？观察哪些流程或者环节？如果是定量的观察形式，需要一开始就确定要观察的字段，拟好观察表格。

3）邀约用户：透过上面我们对观察法的了解，可以发现在研究者身份保密的观察活动中，用户是不需要知情的，只有在研究者身份暴露的观察中，需要用户配合我们，而且需要他们充分知情的情况下，才会存在邀约用户的情况。

4）开始观察。

- 建立关系：与被观察者建立关系，简要介绍观察目的和我们的身份，这里也仅仅是针对研究者身份暴露的情况的观察，对于研究者身份是保密的情况，就不需要有这一步。
- 记录内容：根据我们拟定的提纲或者记录表格进行记录。

5）分析资料和数据：**根据收集到的资料是定量还是定性，使用对应的分析方法分析数据。**

3.3.6　观察的原则

每个人都是天然的"观察者"，我们从小就开始通过"观察"周围人的行为和态度，建立自己的认知，学习技能，所以通过观察学习是人的天性。不过在用户研究中，还是有一些观察的原则或者技巧需要在这里重申下。

1）观察的主要内容是用户的行为、行动过程、沟通过程等，同时对周围环境进行记录，因为真实的现场环境对用户的影响不容小觑。例如，在陪同用户在超市购物的场景下，要注意观察不同环境下用户的购物行为是否一样，比如在人多的地方和人少的地方，用户购物模式是一样的吗？在有促销员和没有促销员的情境下，用户的行为是否有差异？或者在超市中有不同气味的情况下，用户的购物时间是缩短了还是增加了？这些都需要把环境因素考虑在内。

2）在必要的情况下，记录用户的基本信息，如性别、年龄等。信息记录的越全，后续分析时就越能帮我们发现更多洞察。例如，我们之前在超市观察使用某竞品自助收银机时选用不同支付方式（如刷脸支付、出示二维码支付）的用户占比，同时也记录了用户性别、大致年龄段等信息。这样在进行后续分析时，我们不单可以分析整体的刷脸支付用户占比，也能够细分性别、年龄等，看不同性别和年龄段的用户中有哪些用户更喜欢使用刷脸支付。这些来自竞品的洞察也会给我们自己的产品开发带来启发。

3）观察不止被动地"看"和"听"，实际上也需要很强的主观能动性。需要尽量贴近用户，做到"密切观察"，躬身入局才能真切观察更多内容。例如，用户在购买商品之前，有看过包装上的有效期或者使用说明吗？还是什么都没看直接放入了购物篮？针对这两种情况，虽然用户都购买了产品，但是反映了两种不同的购物心理，如果不仔细观察，很容易漏掉这样的关键细节。

4）观察的同时适当作访谈，当研究员的身份是公开的时，可以将观察和访谈结合起来做，会让我们对用户的理解更深刻。如表 3-7 所示，我们先做观察和记录，后做访谈。访谈主要针对观察中的一些关键问题、行为进行追问，了解其背后的动机和想法。

表 3-7　对观察中的发现进行访谈和追问示例

观察细节示例	访谈与追问
用户看了 5～8 秒食品包装袋上的说明文字	请问你关注到了食品说明书上的哪些信息？为什么会关注这些信息？
用户看了产品 A，又看了产品 B 和产品 C，最后买了产品 B	当你看这几款产品时，主要对比了哪些内容？为什么最后选择了产品 B？为什么没有选择产品 A 和产品 C？
用户在手机体验店里，拿起手机拍了几张照片，自拍了两张照片，并去相册里看了下效果	你主要关注哪些方面的拍照效果？你觉得这款手机的拍照效果如何？你觉得自拍效果如何？
用户在店里体验无线耳机时，戴着耳机，在店里走来走去，并且跳了几下	在店里走动主要是为了什么？戴着耳机的时候为什么会跳一下呢？

5）不要遗漏任何琐碎细节：以开放心态，去观察、倾听、感受甚至去闻一下现场的味道。观察现场永远有事情在发生，有的细节当时我们可能无法感受到其重要性，但是当回过头来看的时候发现它很重要，如果当时没记下来这些细节，我们就失去了发现机会。例如，我们之前去超市调研用户对刷脸自助支付设备的使用情况时，看到有的自助设备很干净且摆放得很整齐，有的自助设备则明显有很多指纹且摆放得歪歪扭扭。这是一个很小的细节，在观察现场可以记录也可以不记录。当我们观察完，回到办公室看每台设备的交易频率时，发现同等情况下，干净整洁、摆放规整的设备的交易数量是相对较多的。如果我们当时没有留意到这个细节，没有记录每台设备的现场状态，那就无法从这个维度对设备进行分类看交易数据，也不可能发现这样一条规律。

3.3.7　观察的主要内容

观察时需要调动我们的全部感官系统，用眼睛去观察，用耳朵去聆听，用心去思考。观察内容可以遵循如下的 AEIOU 原则。

- A（Activity）：用户的活动与行为，也要关注用户的行为顺序。用户行为发生的顺序反映了用户的心智，例如用户搜索耳机产品时，是先搜索"苹果""华为"这样的品牌，搜索"耳机"这样的品类，还是搜索品牌＋品类，这些都反映了用户不同的思维过程。
- E（Environment）：用户活动的场景或者场地。现场的气氛、气味、感受等都属于需要记录的内容。
- I（Interaction）：用户和用户，用户和商家等之间的交互活动。用户的互动行为，或者用户在交谈中常用的"专有名词"，都对我们的产品有启发意义。例如，用户在标注一个文件或者内容时，是如何称呼的？是用"星标"还是"收藏"？还是什么别的词语？

- O（Object）：用户在活动中使用的工具。
- U（User）：用户是活动的主体。如前面提到的，用户本身的特征（用户性别、年龄等）或者外在特点也可以记录下来，后续可以作为交叉分析的变量。

3.4 实验

之前讲到的问卷、观察、访谈等方法最多可以告诉我们一些变量的相关关系，但是如果想要探索变量之间的因果关系，就必须用到实验。

3.4.1 什么是实验法

实验法主要是通过操纵自变量、观测因变量的变化，看两者之间是否存在因果关系。在这个过程中，最重要的是排除无关变量的影响。这几种变量到底是什么意思？我们可以结合一个例子解释一下。假设我们想了解优惠活动能否促进销量这样一个问题，那么要研究的变量分别如下。

1）自变量：我们要操纵的变量，也是我们要探索的因果关系中的"因"。上面案例的自变量只有 1 个：优惠活动。自变量的取值个数称为自变量水平，假设优惠活动有三种方案，分别是没有优惠、优惠 2 元、优惠 5 元，那么优惠活动这个自变量就有三个水平。自变量可以有多个，比如我们可以同时看活动日期（工作日或者周末）和优惠活动这两个自变量对销量的影响。

2）因变量：我们要观察的变量，也是因果关系中的"果"。因变量也有多个，例如我们可以把用户留存率、满意度等作为因变量。

3）混淆变量：有时也称作无关变量。自变量之外的所有可能对因变量产生影响的变量都是混淆变量。如果处理不好混淆变量，整个研究的结论都将变得不可靠。在这个案例中，除了我们关心的优惠这个变量外，可以梳理出来的能影响销量的变量或者因素还有很多：产品的外观、促销员的专业性、渠道铺货情况等。我们后面讲到的所有实验几乎都是为了有效控制混淆变量的影响。

3.4.2 实验为什么重要

相比前面几种研究方式，实验是最严谨、要求最高、执行难度较大的一种调研方式。但是从企业内部的视角来看，实验并不是一种投入产出比很高的研究类型。如果研究的结论跟大家的预期结论接近，如当我们通过实验发现促销活动能有效提升销量的时候，大家可能会说："这个结论还用你费钱费力去研究嘛，三岁小孩都知道。"那实验的价值是什么呢？

问卷可以告诉我们不同变量之间的相关关系，例如我们发现用户对产品的品牌好感度（X）和用户的购买行为（Y）是相关的，但是如果仔细审视这两个变量的话，依然会有很多疑问，因为相关的背后至少有 5 种可能：

1）X 导致 Y（用户对产品的品牌好感度高，导致购买行为）。

2）Y 导致 X（用户购买了产品之后发现产品不错，导致品牌好感度提升）。

3）另外一个变量 Z 同时导致了 X 和 Y（公司采取措施提升产品品质，同时导致品牌好感度和购买量提升）。

4）X 和 Y 互为因果（用户对产品的品牌好感度高，导致购买行为；用户购买产品之后发现产品不错，又反过来提升了品牌好感度）。

5）X 和 Y 没有相关性（两者并不相关，可能是小样本导致的伪相关，而实际上两者不存在关联）。

可见，相关在很多情况下是不可靠的，这时候我们只能通过实验，来进一步发现变量之间是否存在因果关系。

为什么我们要追求因果关系呢？因为如果我们不能正确认识因果关系，很有可能做出错误的决策，产生错误行动。实际上当我们做决策时，其中已经隐含了我们对因果关系的理解。例如，我们投放广告，是因为相信广告可以扩大知名度带来销量，广告是因，提升销量是果；我们去读大学，是因为相信教育可以提升工作后的收入，教育是因，提升收入是果；我们去定期体检，是因为相信体检可以让我们及早发现问题、及时治疗，从而更加健康长寿，体检是因，健康长寿是果。但是这些因果关系是真实存在的吗？如果上述这些因果关系并不成立，公司还会去投放广告吗？我们还会去读大学、去定期体检吗？因果关系是否真实存在决定了我们该采取什么样的行动。

2021 年 3 位在实验和因果关系的研究方法上获得突破的科学家（见图 3-8）被授予诺贝尔经济学奖。他们得出的有些结论并不新奇，很多都是众所周知的，但是诺贝尔奖重点提及的是他们采取的研究方法。他们采用实验法回答了很多关键问题，比如教育和收入、提高最低工资和失业率的因果关系，通过出色的实验给出了明确答案，这对于人生规划、公共政策制定有重要的参考价值。

图 3-8　2021 年诺贝尔经济学奖得主

实验除了可以帮我们揭示变量间的因果关系，还可以很好地解决问卷或者访谈中用户难以回答的问题。当然，有时需要借助一些巧妙的实验设计。例如，我们认为相比西方人，东方人的情绪表达较为含蓄，且非常在意周围人的感受。但这只是一种体会，我们如何证明这一点呢？这种微妙的差别很难通过问卷调研的方式得到证实。Takahiko Masuda 等人巧妙地利用了一系列卡通人物表情通过实验证实了上述假设。如图 3-9 所示，这些卡通图片中包含一个中心人物和周边人物，但是中心人物的表情和周边人物的表情是不一样的。例如在图 3-9a 中，中间的男孩是高兴的，但是周围人是不高兴的。用户的任务是判断中心人物的表情。结果发现，日本人在判断中间人物的表情时会受到周围人的影响，而美国人受周围人的影响相对较低，可以做到只根据关注的中心人物的表情进行独立评价。

a)   b)

图 3-9　Takahiko Masuda 的实验材料

3.4.3　用户研究中实验法的适用场景

实验法适用于探索明确的问题，有明确的因变量和自变量，比如：

1）改进注册页面的设计会不会提升注册成功率呢？

2）产品的设计优化会不会带来用户转化率的提升？

3）关于运营策略 A 与运营策略 B，哪种策略更容易让用户下单购买产品？

4）用户对我们的产品还有竞品的态度和印象有没有什么

差别？

5）对于 A、B 两种外观 / 口味，用户更喜欢哪一个？

以上问题都有明确的自变量（改善前与改善后，A 版本与 B 版本）和因变量（成功率、转化率、喜好度），而且这些问题非常重要，需要通过严格的实验设计搞清楚因果关系，然后才能提供科学的行动依据。

3.4.4　实验法的分类

从大的方面来说，实验设计分为两类：被试内设计（within-subject design）和被试间设计（between-subject design）。两者的划分依据是实验活动中用户的分配方式不同。假设我们让用户评价 A、B 两款饮料，首先让所有的用户先后品尝两款饮料，然后让他们进行评分，这就是一种被试内设计，在这种设计中，每个用户参与所有的自变量水平的测试。假如我们把用户对半分开，让一半用户只品尝 A 款饮料，另一半用户只品尝 B 款饮料，然后让他们进行评分，这就是一种被试间设计，在这种设计中，每个用户只参与一种自变量水平的测试。

前面提到过，确定自变量和因变量之后，实验设计最关键的部分在于控制混淆变量，一旦控制不好，会极大地影响研究结论的可靠性。下面我们看看在不同的实验类型中如何结合具体案例控制混淆变量。

1. 被试内设计

相比被试间设计，被试内设计的好处在于不用考虑不同组用户间的差异，所需要的样本量较少，但是也会有很多问题需要避免。如顺序效应。由于用户需要先后参与多个自变量水平的测试，因此顺序就变得特别重要。比如我们在测试 A、B 两款饮料时，不能让所有用户都先品尝 A 再品尝 B，而是要让一半用户先品尝 A 再品尝 B，让另一半用户先品尝 B 再品尝 A。当然在不同领域，如医学、农业等领域的实验中，被试内设计还有许多其他需要规避的问题，在用户研究领域中相对较少遇到，这里不做过多介绍。

2. 被试间设计

接下来我们介绍随机对照实验、双重差分法和自然实验法。

（1）随机对照实验

随机对照实验是一种较为严谨的实验方法，通常在实验室里进行。在医学领域，当需要检验某种药物对疾病是否有效时，就会使用这种严谨的实验方法。有时候，这种方法也被称作"大样本随机双盲实验"，这也是判断药物疗效的"金标准"。下面我们拆解一下这几个关键词的具体含义。

大样本：根据统计学原理，小样本统计出来的数据在很多情况下不可靠、不稳定，个性化因素太多。只有扩大样本量，稀释掉单个用户的个性化因素，才能够得出比较可靠的结论。

随机：在选取用户时，每一个用户都有同等机会参与实验，在分配样本时，应确保样本中任何一个个体都有同等的机会被分入任何一个组中（如对照组、安慰剂组、实验组），这就是严格意义上的随机化原则。之所以设置安慰剂组，是为了避免用户产生

"安慰剂效应"（placebo effect），如果安慰剂组的药物疗效跟实验组一样，我们就可以判定治疗是无效的，仅仅跟安慰剂差不多。

双盲：双盲是指用户不知道自己在哪一组，主试（实验的操作者）也不知道哪一组是实验组，哪一组是对照组。不让用户知道自己在哪一组是为了避免产生安慰剂效应。后来发现主试也有这种效应，如果他知道哪一组用了什么药，会不自觉地通过手势、语气等传递出一些预期信息，影响结果的客观性，这就是"主试效应"（experimenter effect）。

但是在现实场景中，"大样本随机双盲实验"很难实施。比如我们想研究吸烟和健康的关系，那在分组时就需要随机将用户分到吸烟组和不吸烟组，然后定期监测他们的健康情况，这很明显不道德，我们不可能做这种实验。所以后面介绍的几种实验方法均无法做到随机分配用户，但是我们可以通过其他方式弥补这种缺陷，后续的所有实验可以称为准实验设计（quasi-experimental design）。

（2）双重差分法

双重差分法（difference-in-difference）有时也称作倍差法，当我们测量某项干预（如给产品做运营活动）的效果时，宜采用这种实验方法。如果我们发现运营活动上线后产品销量有增长，就可以确定是营销活动导致销量的增长吗？虽然表面上看确实是这样，但是我们无法确定做活动的这段时间内的市场变化趋势。如果销量在这一时期本身就呈现较大增长趋势，这种趋势就会跟我们关注的运营活动效应混淆在一起，或者说如果这一时期销量呈现较大下降趋势的话，还有可能会出现做活动后销量下降的怪象。所以，仅凭做活动前后的数据对比并不能严谨地说明问题，如表 3-8 所示，这时候我们有必要引入一个对照组，跟对照组进行同时期对比才能真正看到运营活动是否有效。

表 3-8　测量运营活动的效果

	运营活动前销量	运营活动后销量	销量差异
有活动的门店	A1	A2	A2−A1
没有活动的门店	B2	B1	B2−B1
活动的效应	（A2−A1）−（B2−B1）		

2021 年诺贝尔经济学奖得主大卫·卡德的一项关于最低工资和就业率之间的因果关系的研究也采用了这种双重差分法。传统上经济学家认为，提高最低工资会加重企业负担，导致企业减少就业岗位，提高失业率。事实是这样吗？1992 年，美国新泽西州的最低工资从 4.25 美元提高到了 5.05 美元，而隔壁宾夕法尼亚州（以下简称宾州）东部却没有提高最低工资。由于这两个州的产业环境相似，但最低工资政策不同，因此这就为研究最低工资对失业率的影响提供了一个绝佳的研究条件：新泽西州是实验组，宾州东部则是对照组——宾州东部没有调整最低工资，因而可以将宾州东部的就业变化趋势假设为新泽西州无最低工资调整状态下的就业变化趋势。

研究者选择了工资较低的餐饮行业进行研究，结果发现提高最低工资后新泽西州的失业率并没有显著上升，如图 3-10 所示。他们推测，原因可能是餐饮店把提高的薪酬负担转移到产品上，让消费者买单，所以提高最低工资并不导致失业；或者最低工资提高后劳动力供给方更活跃，雇员数甚至会增加。

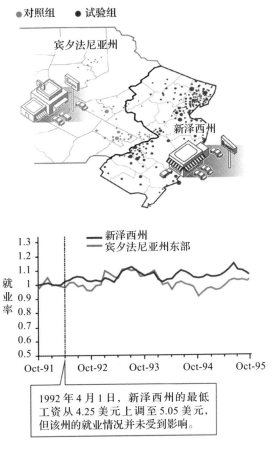

图 3-10　两个州的就业率对比

使用双重差分法，需要保证对照组和实验组的基本情况是差不多的。特别是，因为这种分析方法涉及时间，所以要确保活动之前二者随时间变化的增长率是差不多的。在上面最低工资和失业率的研究中，我们看到作者是追踪了两个州在 1992 年之前的就业率后，发现两个州的情况是差不多的，具备可比性。所以我们在使用双重差分法时也需要对实验开始之前一段时间的数据进行监测，确保实验组和对照组情况类似。

假设我们的研究目的是了解广告投放对门店销量的影响，如何选择实验对象呢？如图 3-11 所示，A 店为实验门店，从 3 月份开始投放广告，那我们选择 B 店还是 C 店作为对照门店更合适呢？如图 3-11a 所示，在投放广告后，A 门店 4 月和 5 月的销量比前几个月增长了很多，而 B 门店在没有投放广告的情况下增长情况不明显，相比来看，广告似乎起到了作用。但是在观测 3 月之前的增长情况后，我们发现在没有投放广告的情况下，A 门店的销量增速本来就大大快于 B 门店。在这种情况下，虽然 A 门店销量在 4 月、5 月也有明显增长，但是我们无法区分这种增长到底是延续了 1 月、2 月的惯性增长趋势，还是由广告投放带来的。换句话说，我们无法确切地说广告投放是有效的。而在图 3-11b 中，当我们选择 C 门店作为对照组时，发现 A 门店和 C 门店在 3 月份之前的增长趋势是差不多的，但是 A 门店的销量在 3 月广告投放后增长迅猛，而 C 门店销量的增长势头弱一些。在这样的对比下，我们可以认定广告投放对销量有促进作用。所以，我们选取 A 门店和 C 门店进行对比更合适。

需要说明的是，即使我们通过实验证实了因果关系存在或者不存在，这仍然仅是概率事件，并不代表在任何情境下都成立，就像前面提到的最低工资和就业率关系的研究是以宾州东部和新泽西州的餐饮行业为研究对象，如果再用另外的州来做实验，或者换一个行业去审视，结果可能不一样。实验法作为一种科学研究方法，是对知识的不断探索，只能提供暂时性、局部性的观点，科学永远在路上。正如科学哲学家卡尔·波普尔说的那样：
"科学的正确永远是一种不彻底的正确。"探索因果关系是一个道
阻且长的过程。

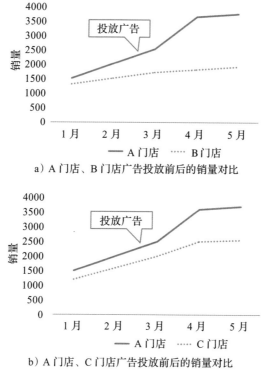

a）A 门店、B 门店广告投放前后的销量对比

b）A 门店、C 门店广告投放前后的销量对比

图 3-11　实验组和对照组的选择

（3）自然实验法

受教育程度越久，能赚到的钱就越多吗？关于这个问题，统
计调查往往会得出两者是相关的结论，但是相关并不同于因果，
背后还有数不清的复杂因素，比如：有可能受教育程度高的人

本身智商较高，是高智商让他们更容易找到高薪工作。如何才能证明受教育程度和收入的因果关系呢？如果拿这样一个课题去做实验的话，我需要找一批儿童，随机决定他们的受教育年限，然后再观测他们毕业后的薪资水平。很明显这是不可能实现的。这时候，自然实验法就可以帮我们解决问题。那么，如何用自然实验法来论证更长的教育年限会影响未来收入呢？在论文"Does Compulsory School Attendance Affect Schooling and Earnings？"中，Joshua Angrist 与 Alan Krueger 展示了如何做到这一点。在美国，青少年在 16 岁或 17 岁时可以离开学校，具体取决于他们所在的州。因为在某一年里出生的所有孩子的起始上学日期都是一样的，所以在这一年中更早出生的孩子比更晚出生的孩子更早离开学校。

Angrist 和 Krueger 比较了一年中出生于第一季度和第四季度的人，发现第一季度出生的人的平均受教育时间更少，且第一季度出生的人的收入也低于第四季度出生的人。因此当他们成年时，他们的受教育程度和收入都低于同年晚些时候出生的人。

由于一个人的出生时间是随机的，因此 Angrist 和 Krueger 能够利用自然实验法建立一个因果关系：受教育程度越高，收入越高。他们发现，多受一年教育，收入会增长 9%，如图 3-12 所示。

另外还有一些其他的实验方法，如回归分析法、工具变量法、断点回归法等，这些方法在计量经济学领域使用得更多，这里我们不做过多介绍。

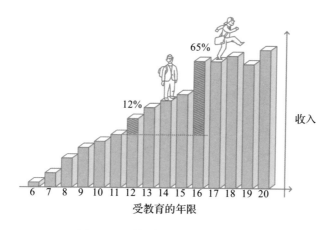

图 3-12　受教育和收入之间的关系

3.4.5　实验的步骤

1）制定实验方案，选定自变量和因变量。

选择因变量时要注意天花板效应和地板效应，什么是天花板效应呢？网上有个段子是这么说的：有人考了 100 分是因为这张试卷只有 100 分，而有人考了 100 分是因为这个人的实力只有 100 分，言外之意是说试卷太简单了，无法拉开不同学生的差距，100 分这个分数变成了"天花板"。假设我们用智商作为自变量，用这样的试卷分数做因变量进行测试的话，就出现了典型的天花板效应，即所有人的分数都偏高，以至于无法看出自变量对因变量的影响。地板效应是指所有人的分数都很低，同样无法得出确定的结论。之前调研微信支付官方推广活动（如满 20 元立减 5 元优惠活动）和微信支付交易量的关系时，我明显感觉到在微信支付本来就很活跃的地区，做推广活动并不能带来更多的交易，这就是典型的天花板效应。用户不会因为有活动而再多用微信支付，因为他们在买东西时原本就是用微信支付。而在一些微信支付不太活跃的地区，推广活动的效果就十分明显，能带来较多的交易增长，在这些地方就能凸显活动的作用。可见在天花板效应存在的情况下，自变量的影响是无法显现的。

2）选取样本：在被试间设计中要特别注意通过随机、平衡等方法进行分组，确保不同组之间的用户条件差不多。前面我们讲到的几种实验类型，都是围绕平衡实验组和对照组的用户展开的。

3）执行调研：在真实的实验过程中，除了对用户进行不同的实验之外，一般也会用到问卷等形式请用户填写一些基本问题（如年龄、性别）和与实验相关的问题（如与实验相关的量表），以便将填写的内容作为自变量（如分性别的分析）用于后续的分析。

4）数据分析与报告：根据数据采集方式的不同采用不同的数据处理方法，并整理成报告进行展示。

|第4章| C H A P T E R

数据分析基本方法

当我们通过第 3 章所述的方法收集好数据之后，接下来就是数据分析工作。本章主要围绕定量和定性分析的基本思路和方法展开，限于篇幅，不涉及软件（如 SPSS、Excel 等）操作步骤。

4.1 数据分析基本思路

通过调研我们获取了详细数据，但这只是起点，我们的最终目的是获取洞察和智慧，进而指导我们做出决策。美国天文学家 Clifford Stoll 说过："数据不是信息，信息不是知识，知识不是洞察，洞察不是智慧。"这句话可以这样理解，如图 4-1 所示：

数据是零散的、无意义的；信息是对数据进行结构化、分门别类的整理；知识是基于信息而形成的概念、想法，是把信息相互联系起来形成的；洞察和智慧则更进一步，它们的主要目标是发掘有意义的内容，用于推断因果关系，或者成为指导行动、决策的依据。数据只有去分析才有意义，否则就是放错地方的垃圾。

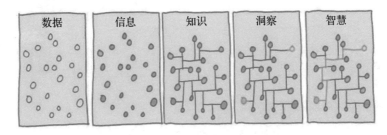

图 4-1   从数据到智慧的演化

《实践论》一文里写道："要完全地反映整个的事物，反映事物的本质，反映事物的内部规律性，就必须经过思考作用，将丰富的感觉材料加以去粗取精、去伪存真、由此及彼、由表及里的改造制作工夫，造成概念和理论的系统，就必须从感性认识跃进到理性认识。"我们在用户研究中获取的是用户的感受、感觉、观点、行为等，都是源自用户的"感性材料"，经过"去粗取精、去伪存真、由此及彼、由表及里"的过程才能获取正确的结论。我认为，如果可以贯彻好这 16 个字的分析思路，就是一个非常了不起的用户研究人员。下面我结合用户研究中的具体情况对其做一下个人解读。

去粗取精：在定量研究中，有的用户不仔细填写问卷，或者故意弄虚作假，这样的回答必须要在分析之前先筛选掉。同样，在用户访谈中，一份一个多小时的访谈笔录可能有一两万字，其中可能会有非常多无效的信息，而去粗取精就是舍弃无关紧要的用户反馈，保留最精华的部分。

去伪存真：用户研究工作全流程中都要注意去伪存真。在项目早期，当我们跟业务方讨论调研需求时，他们有时也会提出"伪（调研）需求"，就像在 2.1 节中讲到的那样，业务方的调研需求也需要我们多挖掘、分析，要确保问对问题，而不是在一个错误的、不完整的问题上直接去调研。在数据收集阶段，由于用户在接受访谈或者填问卷时，既不需要深思熟虑，也不需要负责任，客观上造成很多回答并不可靠，因此我们要辨别出用户不合格或者敷衍状态下填写的问卷。在数据分析过程中，也需要用去伪存真的态度看待统计结果。例如当我们计算变量的相关性时，要时刻警惕"假相关"（本来不相关的变量之间呈现相关性）。与此相反的是，有些本来存在相关关系的变量，有时也会看上去不相关。后面 4.3.3 节会详细讲述。

由此及彼：在数据收集和分析过程中，我们要找到有意义的对比维度，孤立的数据是没有意义的。当我们说某款产品的用户满意度为 8 分时，我们貌似给出了一些信息，但是好像又没有给任何信息。因为我们既没有看到竞品是多少分，也不知道我们的产品之前是多少分。意义是在对比中产生的，当所有的竞品满意度都是 9 分以上时，8 分就很低。反之，当所有的竞品满意度都是 7 分以下时，8 分就很不错。所以 8 分真正意味着什么，要在对比中才会凸显出来。每看到一个数据，我们就要想一下如何对比才能更好地理解这个数据，这就是由此及彼。后面 4.3.2 节中"对比"部分讲到的内容跟由此及彼也有相通之处。

由表及里：一步步逼近问题的真相，从用户所讲的内容、分析表面的数据出发，深入更加本质的层面。当用户打算换一部手机的时候，他的动机是什么？是原来的手机出了问题才更换？是为了提升自己的手机档次买一部更贵的？还是为了打游戏而选一款处理器更强的手机？从动机层面去理解用户，我们才知道如何去满足其具体需求。对用户说出来的表面需求进行深挖才能真正理解用户，而不是仅仅停留在表层。

4.2 定性资料分析

定性资料分析最能体现我们从用户的只言片语中发现和挖掘有效信息的能力。但是定性资料分析做得好与不好，很大程度上取决于我们的访谈中是否遵循了 3.2 节中提到的访谈原则和注意事项。没有进行很好的访谈，再多、再细致的分析也无济于事。相反，如果访谈做得好，只要我们花时间不断熟悉和审视资料，后续就能分析出好的结果。

在做定性资料分析时，一般我们需要先把被访用户逐个进行总结，然后将所有用户放在一起进行分析，提炼关键信息和结论。所以接下来也分成两部分介绍。

4.2.1 用户访谈总结

当我们访谈完一个用户后，需要进行总结整理，透彻、清楚地分析每个用户，是后续做一切分析的基础。一般来说，访谈完每个用户后都需要对访谈内容做一个小结。我自己比较喜欢用 Excel 表格进行总结，如表 4-1 所示，把所有被访谈用户的信息放在一起。当然也有人喜欢用 Word 形式将每个用户整理成一份文件，这样做也可以，只是如果把所有用户放在一起进行对比或者分类的话，一下子打开很多 Word 文档略显麻烦，容易眼花缭乱。

当然上述表格只是帮助我们对所访谈的用户做一个粗略的总结，方便我们对所访谈用户建立基本的了解，也方便对用户进行分类。但是定性调研的优势在于对用户的深层次分析和总结，特别是对用户需求、行为等的总结提炼。接下来我们看看应该如何从用户访谈等定性资料分析用户的需求和行为。

1. 分析用户的动机与需求

很多情况下，产品需求并不直接来自用户，但是我们却可以从用户调研中提炼总结出需求。我们如果全信用户所说所讲，很容易被他们误导。一方面用户说的需求大部分都是表面上的，另一方面有的需求用户并没有讲出来，或者说他们还没有意识到自己有需求。所以，需求虽然源于用户，但是更需要我们在用户调研基础上经过深入思考总结出来。

对于用户直接说出来的需求或者解决方案，我们应该将重点放在挖掘用户需求或者解决方案背后的想法和动机上，也即进一步探究：到底哪些动机、痛点、偏好支配用户产生了这些需求？我们在 3.2 节中提到过《人人都是产品经理》一书中的"Y"型

表 4-1 用户手机购买决策研究总结

分析项目	用户 1	用户 2	用户 3	用户 4	用户 5
基本特征	男 35 岁 月收入 2 万 工程师	男 28 岁 月收入 1.3 万 销售人员	女 33 岁 月收入 1 万 银行职员	女 27 岁 月收入 0.8 万 中学老师	男 30 岁 月收入 1.2 万 国企职员
购买动机	原来的手机使用 2 年了，速度明显变慢。很想体验当前这款新手机的拍照功能	父亲的手机环坏掉了，把自己这款用了 1 年的手机给他用，自己再买一个最新款的，比较喜欢这款手机充电快的特点	看到有同事在用这款手机，听说不错，也想换一部新手机	逛街的时候看到体验店里的新款手机，试用了下拍照功能，感觉很好，材质感觉也不错	用现在的手机打游戏的体验不好，希望找一款游戏性能强悍的手机，体验过同事刚买的同款手机，体验挺好
购买前准备	网上商城对比价格和功能，线下店体验真机	在京东网上查看相关评论，特别看了下负面评论、视频网站查看真机测评	询问同事使用体验，在购物网站查阅相关评论	询问店员活动和优惠，售后相关问题	问了好几个朋友的游戏体验情况，到线下门店试了下游戏、手机手感
购买渠道	线上购买	线下购买	线下购买	线下购买	线上购买

理论。这个理论启发我们，在用户访谈中不要止步于用户所说出来的"表面需求"，而是要把用户说出来的需求当作进一步挖掘需求的"引子"，通过这个"引子"发掘用户更深层次的动机和想法。用户表达出来的需求或解决方案很有可能不是真正需求或者不是最优解，而用户说出这些需求的动机和想法才是真正的源头。从这个源头出发，再审视还有哪些可以满足需求的方式，是一种更有效的挖掘需求的方法。

无独有偶，西蒙·斯涅克在《从"为什么"开始》这本书中提出了一个黄金圈法则，这也是一种可以启发我们层层挖掘需求的方法。如图 4-2 所示，它主要告诉我们一种思维方式：做任何事情都要首先从 Why 层面去思考，如为什么要做这件事？然后再去思考 How 和 What 层面的事情。而我们大部分人的思考逻辑与此正好相反，往往习惯于从 What 层面开始，也就是思考我正在做一件什么事情。

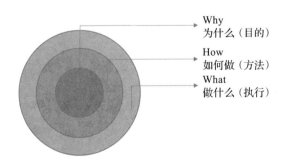

图 4-2　黄金圈法则

虽然黄金圈法则是教我们做事情、思考问题的方式，但是这种思路也可以帮助我们进行需求分析和需求挖掘。回到我们的用户访谈中，用户口头说出来的需求一般是 What 层面的，他们很少讲 Why，或者根本没有认真去思考 Why。所以，作为研究人员，我们只有深挖到 Why 层面的内容，才能更好地理解用户需求。当我们理解了 Why 层面的目的和动机之后，再去思考 How 和 What 层面的事情时，可能会发现用户一开始提到的解决方案并不完美，我们可以通过更好的解决方案来满足他们的需求。

例如，当用户在访谈中说出了一些浅层动机时，我们不应满足于此，而是要继续追问，了解底层动机到底是什么。例如，对于一个喜欢化妆的女性用户，当我们问她为什么喜欢化妆时，她可能会说想让自己变得更美。如果我们仅仅停留在这个维度上，对业务的启发意义并不大。这时候我们可以进一步问她为什么变得更美这么重要。她的回答可能是工作需求，或者希望吸引他人关注，或者仅仅是让自己在公众场合更加自信。这样再看的话，我们就能从业务上有的放矢。因为这三种情况下的美对化妆品的需求是不一样的，产品宣传策略也会不一样。这种方法也称作"手段 - 目的链分析方法"，如图 4-3 所示。它教我们从用户说出来的产品属性出发，了解用户想要的结果，进一步了解他们的核心价值，层层深入，最终帮我们获得有价值的信息。

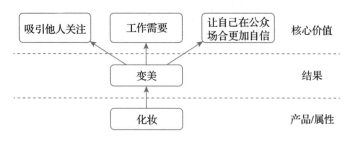

图 4-3　产品与用户价值

用户没有明确说出来的需求，并不代表真的没有需求。我们需要从用户透露出的一些线索来进行挖掘。有哪些线索可以帮助我们挖掘用户需求呢？以下几点可供大家参考。

1）用户的痛点：特别是用户没说出来但是被我们敏锐观察到的痛点，这比较考验我们的观察和捕捉能力。对于用户痛点，我们很容易犯的一种错误就是把看到的痛点"合理化"。一旦合理化之后，我们就不会再去深思熟虑了。例如，当看到用户在快餐店收银台排队买单等餐的时候，或者在一些热门餐厅排队等位置的时候，如果我们持有高峰期就应该是这样的这种心态时，就关闭了进一步思考的大门，不会再去考虑如何来解决排队、等位时间长这样的问题。有时候用户访谈中也会出现用户将一些自己经历的问题"合理化"的情况，例如，我之前在访谈用户对使用手机拍照的问题时，有用户给我展示了自己拍的小孩的照片，取景很好，但是照片有点糊了。用户接着说道："当时小孩子跑得太快了，自己的手也没拿得太稳，结果把照片拍糊了。"看上去用户没有非常明显地表达痛点，仅仅是描述了当时的场景。但是我们却不能像用户这样思考问题，而是要把"拍照容易糊"当作一个痛点和需求去处理。我们要把这种来自用户的"合理化"识别出来，不要把"拍糊了"完全归因为"手没拿稳"或者"小孩乱动"。有的用户在访谈中提到，出现某种问题可能是由于自己不懂，没仔细看说明文档，或者当时外部环境不好（如光线不好、噪声大），这样的细节我们不应忽略。这里我有一点心得可以分享下，当我们初步发现问题是来自用户的时候，我们不要就此止步，而是再进一步思考可以做什么来规避问题。

2）用户不购买或者不使用的原因：我们可以把用户不购买

或者不使用视作一种对现有产品"无言的不满"。像当前的扫地机器人、洗碗机等用户使用率都比较低，究其原因，就是有很多需求没有得到满足，这让很多人即使曾经想买，最终也望而却步。我之前买过一个扫地机器人，使用中发现电线和网线很容易缠住，同时还需要自己清洗，虽然带来了一些便利，但是使用起来会带来很多麻烦，所以最终退货了。如果这些问题得到了逐一解决，相信扫地机器人将迎来更大的发展。再比如，之前访谈真无线 TWS 耳机用户的过程中，有的用户说很怕丢失，而且即使只丢了其中一个，剩下另外一个也就不能用了。这也是部分用户不考虑购买这类耳机的原因，这就提示我们在防丢失上做文章，或者丢了一个之后可以允许用户购买单只耳机。从这些需求上下功夫的话，也会消除用户顾虑，让更多用户去购买和使用。

3）从一些现场实物分析：在做现场访谈的时候，我们不仅可以跟用户进行语言沟通，也可以从现场环境或者从实物出发分析用户需求。例如用户手机壳的颜色、用户手机壁纸的选择，甚至用户的衣着，都反映了用户在审美上的偏好。再比如，当我们到用户家里，看到用户在电视机旁边放置了好几个音响时，可以了解到用户对音质要求是非常高的。所以现场实物也是很重要的一个分析用户需求的切入口。

2. 分析和理解用户行为

在访谈和观察中，我们发现的用户行为固然重要，但是行为背后的原因、功能、动机更加重要，所以我们不光要看到用户表面的行为，更应该尽量挖掘行为背后的内容。之前接触到的两种思路或理论，我认为可以有效指导我们进行分析。

第一种思路是斯坦福大学福格（Fogg）教授提出来的方法，主要教人如何养成良好的行为习惯，以及如何规避不良习惯。他认为一个行为如果要成为习惯，必须具备以下要素：有强烈的动机（想做一件事情），有能力实现（能做这件事），还要有诱发因素（有因素触发去做这件事）。动机越强，需要的能力越少或者越简单，诱发因素越多，越能够养成习惯。他提出了如下公式：

行为（Behavior）＝动机（Motivation）＋能力（Ability）＋触发（Trigger）

虽然这个理论的初衷是让人们养成好的行为习惯，但是它也为理解用户的行为打开了新的视角。用户的任何行为，无论购买行为还是产品使用行为，如表 4-2 所示，都可以从行为动机、用户能力和外部触发三个角度去理解，帮助研究者发现行为背后的信息。

如果我们想要用户养成某种习惯，可以围绕这几点内容去做引导和设计产品。如果我们不鼓励用户做某类行为，就把这类行为的难度设置得高一些，比如入口更隐蔽，操作步骤更多。

大家可能会发现微信朋友圈中纯文字的信息比较少，大部分都是带图的，为什么呢？这是因为发纯文字的入口和操作很隐蔽，无形中增加了发文字的难度和门槛，发图片的操作却很显性、很容易。这样设计的原因是微信不鼓励用户发文字，鼓励发图，所以在交互设计方面做了操作难度上的区分。这就是通过提升某种行为需要的能力来降低该行为的发生率。

表 4-2 行为背后的 MAT 因素拆解示例

用户行为	行为动机	用户能力	外部触发
用户经常刷朋友圈	渴望获取资讯、八卦看谁点赞了自己的朋友圈	朋友圈功能非常易用，使用中没有任何认知负担，对用户能力几乎没有任何要求	微信经常出现红点提示，激发用户点击查看
用户到快餐店直接坐下来扫码点餐	不想排队点餐和等待	扫一扫就可以进行下单，非常方便	桌面二维码作为一个外在"刺激"，触发用户直接扫码
用户购买真无线耳机	• 想跟上时代步伐，不想再用落伍的有线耳机 • 想购买一个对耳朵好一些的耳机，避免伤耳 • 上下班路上环境嘈杂，希望通过降噪耳机舒缓情绪	经济能力可以负担得起几百元的耳机	周围的朋友都在用无线耳机了，加上自己原有的有线耳机出了一些问题

另外一种理解用户行为的方法是 Tinbergen 四问法。之前我们提到，很多动物学家都是通过观察来获取洞察的，所以可以借鉴这种研究思路做好观察。诺贝尔奖得主、生物学家 Tinbergen 认为我们不能只从表面上记录动物的行为，还需要问以下四个问题，来更好地理解动物的行为特点。尤其是前三个问题，是完全可以在用户研究中使用的。

1）为什么会有这种行为？（What Is the Behavior for?）——这种行为的功能是什么？行为对动物生存的意义是什么？在当前环境下这种行为是如何帮助动物生存和繁殖的？

2）行为是怎么运作的？（How Does the Behavior Work?）——出现这种行为的背后控制因素是什么？什么刺激导致了行为反应？什么神经、生理或者心理机制会对这种行为有影响？

3）行为是怎么发展出来的？（How Did the Behavior Develop?）——生命中什么阶段会出现这种行为？影响这种行为发展的内外部因素有哪些？在这种行为发展中哪些是个体、哪些是环境导致的？

4）行为如何进一步发展？（How Did the Behavior Evolve?）——在进化的过程中是什么因素塑造了这种行为？

当然为了忠实于原文，这部分内容主要是针对动物的研究，如果我们要将其迁移到用户研究中，则需要修改一下措辞，但是整体思路是可以借鉴的。

4.2.2 群体用户分析

当把每个访谈的用户都分析清楚之后，所有的用户数据放在一起，我们能够得出什么洞察和结论？这就是接下来要讲的内容。

1. 词频分析：将定性数据定量化

定性数据的定量分析类似对用户所讲内容进行词频分析，这种分析能够帮助我们发现用户访谈中的"模式"。用户常挂在嘴边的词语，反映的是他们的内心世界。这种分析方法特别适合于分析用户对产品的评论、用户舆情等内容。像前面第2章的图 2-3 中的用户词频图，就是通过对真实用户的购物评论进行分析发现一些用户洞察的例子。

当然词频分析不太适用于分析用户的访谈资料，因为在访谈中，用户是在我们引导的情况下给出回应和反馈，我们的访谈重点这方面的词频必然会更高一些。假设我们访谈的主要目的是了解用户对价格和外观的感知，如果进行词频分析，"价格""外观""材质"等词汇必然会高频出现，但这并不意味着用户最看重价格。所以，我认为这种分析方法的分析对象是用户自然状态下的一些评论、发言、网络舆情，是不被引导的情况下的用户反馈。

有意思的是，我们也可以用这套方法来对企业领导人的演讲内容进行分析，发现一些暗含在讲话中的洞察。例如 2019 年张小龙在一次微信公开课中发表了长达 4 个多小时的演讲，有人对演讲内容进行了统计，发现他提到最多的词依次是：用户（114 次）、朋友（105 次）、时间（43 次）、希望（37 次）、问题（30 次）、真实（18 次）、原则（16 次）、善良（12 次）、做什么（10 次）、愿意（10 次）。这当然体现了他的产品观，特别是对"用户"的重视程度可见一斑。Amazon 的 CEO Bezos 每年都会给股东们写一封信，有人对他的信件内容做了词频分析，截至 2019 年的 23 封信中，一共有 44000 个单词，其中提到最多的是客户（customer），提到了 443 次，那么竞争（competition、competitor）相关的词汇提到了多少次呢？统计表明只有 28 次，所以在 Bezos 心中，到底什么更加重要，通过这个词频分析可以一目了然。

我们也可以为用户的定性回答打标签，这样整份资料分析完就会获取一系列标签。然后把标签做成类似多选题的形式，如果用户的回答与这个标签相匹配，则赋值为 1，否则赋值为 0，如表 4-3 所示。这样把所有的标签放在一起作为多选题处理，可以计算每个标签的大致频率和占比。这样，我们既能够获取定性的用户原话，也能通过统计进行量化。

表 4-3　用户对"你为什么喜欢去线下门店购买手机"的回答

用户	用户原话	标签 1：可以现场尝试	标签 2：更加安心	标签 3：网上购物遇到过问题	标签 4：有赠品
用户 1	在线下门店可以试试手感，体验功能。更放心	1	1	0	0
用户 2	之前网上买过手机，包装破损了，担心是二手的，后来退了，以后就直接在线下门店购买	0	1	1	0
用户 3	感觉线下门店购买有比较多优惠，比如赠送充电宝之类的，价格也不比网上贵	0	0	0	1

2. 发现主题：亲和图分析方法

亲和图（Affinity Diagram）分析方法是将我们定性调研中产生的想法、事实、观点、用户需求等进行分类、聚合。这种方法可以帮我们将大量的资料和信息进行归类整合。具体需要经历以下几个步骤：

1）将我们获取的资料、事实、想法或者观察写到便利贴上。

2）取出第一个便利贴，放到第一组中。

3）取下一个便利贴，同时思考"这个便利贴上面的内容跟第一个是一样的还是不同的"，如果是一样的，则跟第一个贴在一组内，如果不一样则重新创立一个组。

4）继续取出所有便利贴，同时考虑这个便利贴的内容是不是跟前面的内容类似。

5）对最后形成的组进行命名，看看各个组的主题是什么，每个组内的信息架构是怎样的。

6）把不同的组进行排序，我们应该把哪些放在前面？哪些放在后面？

7）描述我们的发现，例如洞察点、用户需求、痛点。

3. 用户分类：按照需求或者场景区分不同用户

有时候，我们会发现在一些关键问题上，不同用户之间有明显的差异。这里的关键问题是指跟我们的研究主题、研究目标高度相关的问题。为什么这里特别强调在关键问题上的差异？因为用户之间的差异会有很多，差异是普遍存在的，可以说没有完全相同的两个用户。但是在关键问题上的差异会与我们的研究结论或者之后采取的行动相关，重点关注这部分差异对我们是有启发意义的。例如，假设我们研究购物网站用户回流的原因，不同用户回流原因的差异就是关键差异，而用户网购偏好的产品类型，虽然有差异，但不是关键的差异。

当我们发现用户在关键问题上有差异后，接下来的用户分类就是将关键差异作为主要维度进行用户分类。例如，我们调研某购物网站用户回流原因，当发现回流原因完全不同时，就需要以这个维度作为主要维度区分用户。如表 4-4 所示，虽然只访谈了 8 位用户，但是不同用户的回流原因不一样，进行分类是有必要的。把用户分好类之后，我们才能更好地利用回流原因和特征，针对不同类型用户采用不同的措施，提升回流用户的活跃度。

表 4-4　不同用户的回流原因

	回流原因		
	因优惠回流	寻找特定商品	对竞品失望
具体用户	用户 1、5、6	用户 3、8	用户 2、4、7
用户特征	1）年轻用户多 2）同等情况下，十分偏向购买有优惠券商品 3）收到平台推送的优惠券立刻打开看 4）偶尔通过签到、玩小游戏等赚取优惠	1）购买不同商品倾向于去不同平台，认为每一个平台都有自己的优势 2）了解本购物网站的某类商品质优价廉，有需求时会优先来看，并优先在这里买	1）由于在其他网站上感觉价格贵，或者疑似买到假货，而对竞对平台不满，转移到本平台 2）相信本平台产品质量有保证

当然，用户分类不是每个定性研究都需要的，不能为了分类而分类，只有在关键问题上用户差异较大，且这种分类能启发我

们制定不同的行动策略时，才是有效的分类。

4.3 定量数据分析

有关数据分析的专业书籍已非常多，本书篇幅有限，不会涉及公式推演、软件操作步骤等层面的讲述，但会重点讲述基本的思路和方法、每种统计方法的适用场景，以及数据分析中的注意事项，目的是帮助大家了解其在实际工作中的基本用法。

4.3.1 数据准备与清洗

数据收集好之后，我们需要对数据进行初步处理，进行数据清洗，为后续的正式数据分析奠定基础。就像我们煮饭之前先淘米，把脏东西过滤掉一样。调研数据收集上来之后，也需要对数据进行清洗，主要过滤掉回答不认真的用户。尤其是网络问卷，用户有可能乱填一通，如果不及时识别出来，就会对最终结论形成不好影响。什么样的问卷应该过滤掉呢？

1）回答时间过短：比如正常情况下用户回答完所有问题需要 3 分钟，如果有用户回答时间少于 1 分钟，这样的回答极有可能是随便乱勾选的，应该去掉。一般网络问卷都可以记录用户的答题时间，我们可以根据平均答题时间来决定应该筛掉什么样的问卷。

2）选项之间互相矛盾：我们在 3.1 节中讲到，为了检验用户答题是否认真，问卷设计中可以设置 1～2 个"地雷题"，如果用户回答前后迥异的话，则可以认为该用户没有仔细答题，他的回答需要去掉。

3）总是勾选一个答案：比如我们有如表 4-5 所示的几个问用户手机购买习惯的题目，若用户总是选择 5，则我们也认为用户大概率答题不认真。尤其当用户连续超过 5 个以上题目总选择一个答案时，我们也应该删除这样的用户问卷。

表 4-5 用户手机购买习惯调研

描述	5- 十分认同	4- 认同	3- 不确定	2- 不认同	1- 十分不认同
购买手机时我会关注价格是否在预算范围内	5	4	3	2	1
我不愿意购买自己不熟悉品牌的手机	5	4	3	2	1
我更倾向于在线上购买手机	5	4	3	2	1
买手机前我会去专业测评网站看测评	5	4	3	2	1
买手机前我会参考京东等购物网站的用户评论，尤其关注差评	5	4	3	2	1

4）回答不合理：例如，有用户在年龄一栏选择了 18 岁以下，在职业一栏选择了公司职员，在学历一栏选择了研究生，这三条信息单独看都没问题，但是如果一个用户同时这么选择，结合在一起就不太合理。这样的用户回答大概率也不可信。要发现这一类的问题，没有固定的规律或者规则可循，需要回到问卷的问题设计中，看哪些问题的选项组合在一起是不合理的，再把这条规

则拿出来作为问卷筛选条件。

有的问卷设计和发放平台，如腾讯问卷，开始用 AI 来识别无效问卷。它推出了一项"AI 智能数据清洗"功能，通过机器学习方法，从腾讯问卷历史长期且大量的行为数据中通过特征工程挖掘出答题特征（对答题者答题行为、答题个数、题型、答题内容等多方因素进行特征提取），再结合人工标注训练出来的分类模型，对回收的问卷进行筛选、智能识别和标记无效答卷。

4.3.2　定量数据分析思路

在进行具体的数据分析之前，我们先大致介绍下数据分析的基本思路和基础逻辑。数据分析背后的逻辑，基本上离不开以下三种：对比、分类细拆、转化。

1. 对比

孤立的单个数据没有太大意义，数据的意义更多来自参照和对比。我们甚至可以说，没有对比就没有结论。如果人们已经对某些数据（如常见的身高、体重、距离等）建立了一定的认知，那么即使不刻意营造对比数据，人们也可以理解其含义，例如某个男生的身高是 1.75 米，你会觉得身高一般，如果说某个女生的身高是 1.75 米，你就会觉得比较高了。

但在用户研究中，对于大部分数据，我们并没有建立基础认知，在这种情况下，如果只有一个孤零零的数据，我们无法理解其含义。例如，当我们说某个产品的用户满意度为 8.5 分（满分10 分）时，我们该高兴吗？如果没有任何对比，这个 8.5 分其实是无意义的。再比如，当我们说中国著名短视频创作者李子柒在YouTube 上面有 1600 多万粉丝时，我们只是觉得这个数字很大，但是到底有多大？我们无从得知。

如表 4-6 所示，如果只看第一列的话，我们虽然看到了数据，但是不知道这些数据能说明什么，只有结合第二列的对比数据，才能很好地得出结论、说明问题。数据的对比是让我们全面地看数据的一种方法，我们获取的单个数据虽然是真实客观的，但是有可能是片面的，而有效的数据对比则可以帮我们克服这种片面。

对比是需要刻意去营造的，如何才能找出有意义的对比角度呢？换句话说，当我们看到一个数据时，应该找哪些数据跟它对比呢？有以下几种角度可供参考。

1）横向对比：跟同类的对比。比如，我们的产品满意度是8 分，那竞品是多少？这次考试 A 考了 80 分，平均分是多少？

2）纵向对比：跟过去对比。这个数字几个月之前是多少？一年前是多少？十年前是多少？现在的数据跟过去相比增幅程度如何？

3）数据拆解细分维度后对比：在调研中，我们首先会看整体数据，例如整体上有 80% 的用户对产品 A 满意。但是不应止步于此，需要进一步拆解探索，从不同性别、不同年龄段、不同地域、不同时期注册、不同等级的用户等维度去看，在这些细分维度上是否有差异。通过这些分析，我们可能会发现年轻用户满意度低，而年纪大的用户满意度高。这样可以定位到相对更满意的用户和相对更不满意的用户，从而为用户分层运营提供依据。

表 4-6 数据要有对比才能有结论

数据	对比数据	结论
我们这款产品的满意度为 8.5 分	竞品 A 的产品满意度为 9 分，我们产品去年的满意度分数为 7 分，去年竞品 A 的满意度是 6.5 分	我们的产品满意度相比去年已经有了提升，但是跟竞品比仍有提升空间。竞品 A 满意度提升幅度大，值得我们学习
截至 2021 年 11 月，李子柒在 YouTube 上的粉丝有 1630 万	截至 2021 年 11 月，英国广播公司 BBC（British Broadcasting Corporation）和中国环球电视网 CGTN（China Global Television Network）的 YouTube 粉丝数分别为 1090 万、261 万	李子柒 YouTube 粉丝数已经远超知名国家级媒体，她有巨大的国际影响力
我们产品用户构成中，一线城市用户占比 20%，二线城市用户占比 40%，三线及以下城市用户占比 40%	中国一线城市用户占比 5%，二线城市用户占比 22%，三线及以下城市用户占比 73%	跟中国整体用户相比，我们产品的一二线城市用户偏多，低线城市用户偏少。整体用户偏高端
运营活动上线后，门店 A 本月的营业额比上月增加了 15%	跟门店 A 情况差不多的门店 B 没有上线活动，本月比上月营业额增长了 16%	门店 A 的运营活动效果不明显，或者根本用户偏高端

4）局部和整体的对比：表 4-6 中的第三个案例讲述的就是局部和整体的对比，只看第一列的局部数据无法帮我们有效得到结论。TGI(Target Group Index，目标群体指数）就是计算局部样本某个指标占比和整体占比的指标，实际上就是衡量一个局部里面的人群占比，在一个更大的整体里是否一致。假设一所外语学校里面有一家烧烤店，每天晚上男生顾客和女生顾客的占比都是50%，那么是男生还是女生更倾向于光顾这家烧烤店呢？表面上看，男女生各占一半，似乎表明他们光顾这家店的倾向性是一样的。如果你是这么想的，那就错了。因为还有一个隐含的基础概率你没有考虑：这个学校里男生和女生的比例。假设整个学校男生和女生的比例分别是 20% 和 80%。有了这个比例，我们就可以算 TGI 了。公式是这样的：男生的 TGI = 男生光顾这家店的比例 / 整体上男生的比例 × 100，女生的 TGI 也是一样。所以，烧烤店男生的 TGI = 50%/20% × 100 = 250，烧烤店女生的 TGI = 50%/80% × 100 = 62.5。虽然光顾的顾客中男女比例一样，但是看 TGI 的话，会发现男生的 TGI 远远大于女生，从这个角度上讲，男生光顾这家门店的倾向性远大于女生。这里的 TGI 数据，通过计算一个局部小圈子（来烧烤店的男女比例）和整体大圈子(整个学校的男女比例）人群占比，能告诉我们烧烤店到底更受哪个群体欢迎。利用同样的原理，大家也可以计算表 4-6 中的第三个案例，不同城市线级的产品用户的 TGI。

5）把数据进行转化后对比：如计算平均值、比例。一些总量指标需要计算均值再去对比，如当我们看两个城市 GDP 时，直接对比绝对的 GDP 意义不大，还需要考虑这两个城市的人口有多少、面积有多大，看下人均 GDP、每平方公里 GDP 是多少。这样同时对比两个城市的 GDP 总量、人均 GDP、每平方公里 GDP 会得到更加丰富的结论和洞察。计算比例也是另外一种数据对比方法，比如，当看到 A 产品有 2000 条差评，B 产品只有 500 条差评时，我们可以说 A 产品比 B 产品表现差吗？不一定，因为我们还要问两者的销量分别是多少，用差评数除以销量看差评比例才更合适。假设 A 产品的销量是 20 万件，B 产品的销量是 2 万件，则 A 产品和 B 产品的差评率分别是 1% 和 2.5%，很明显，B 产品的表现更差。

以上对比维度是可以混合使用的，比如横向对比和纵向对比可以同时采用。总之，对比维度越多，我们就越能够理解数据背后的意义。

2. 分类细拆

当我们发现某个 App 的用户量增长了 10%，接下来很常见的分析思路就是看不同类别的用户增长情况。如，男性和女性顾客分别涨了多少？不同年龄段的顾客长势有差别吗？不同地方的用户长势有差别吗？通过这样的分类，我们可以知道到底是哪一部分增长好，哪一部分增长差。例如我们通过这样细分，发现男性用户增长了 25%，女性用户只增长了 5%。那就说明我们应该多关注女性用户了。

上面的这种分析方法就是分类细拆，我们通过这种思路对数据进行合理分类，发现有意义的差异，可以找到规律和改进措施。分类细拆是一种数据分析手段，最终目的还是通过差异发现机会点，实际上就是先做分类，再对比。

　　分类细拆需要我们具备业务视角，从业务角度找到合理的分拆维度，才能保证分析更有价值。例如，很多业务都有北极星指标，这是最重要的、大家最关注的指标，我们要提升这个指标，就要细拆影响北极星指标的要素。再如，在互联网领域，大家非常关注活跃用户数这个指标。如何细拆这个指标？

$$活跃用户数 = 新增用户 + 留存用户 + 回流用户$$

　　如果我们发现活跃用户数在增加，那就要看到底是新增用户、回流用户还是留存用户对增长的贡献更大，三者的增速是不是有很大差异。当我们发现一个业务的新增用户增长快，但是留存用户和回流用户不升反降时，虽然总的活跃用户数看上去一直在增长，但是这是一种不健康的增长，因为用户留不下来。如果我们不拆开看的话，这个问题就会被整体活跃用户数增长这个现象所掩盖。相反地，如果活跃用户数下降，也可以通过这样细分来看，帮我们定位问题到底出现在哪里。

3. 转化

　　转化是指把一些指标分解为具体流程步骤，看看哪些步骤阻碍了指标的增长。比如新用户注册要经历打开官网→注册→邮件链接验证→点击链接注册成功等步骤，如果发现点击链接注册的成功率很低，如只有 15%，那我们就要看这几个步骤中哪个步骤用户流失得最多。比如我们发现注册的用户中，只有 30% 的用户完成了邮件链接验证操作，那就说明邮件链接验证是很有问题的，用户不去点击，是不是改成发短信验证码验证更好，能够大大提升注册成功率呢？再比如，当我们发现购买某款产品的用户较少时，应该如何着手研究？对于一款产品，购买是相对靠后的环节，用户在购买之前会对产品和品牌有一定的认知与了解，购买中会选择购买渠道，购买过程中会有对比和决策要素。我们只有从购买前的这些环节入手去考虑问题，才能够真正发现问题。而有的研究者仅仅研究用户的购买过程，可能就会遗漏关键问题。这样从头到尾的研究和分析也是一种转化思维。

4.3.3　基础数据分析

下面讲到的基础数据分析主要包括描述统计和推断统计两部分，是用户研究中最常见、最基本的数据分析方法，也是用户研究人员必备的思路和方法。

1. 认识变量类型

变量类型是所有分析的最基本概念，后续介绍的分析方法多数需要按照变量的类型采取不同的分析方法，所以有必要在这里先做一个简单说明。变量类型一共分为 4 类。

第一类是分类变量（nominal variable），调研中常见的性别、职业这样的变量就是分类变量。分类变量的取值没有大小之分，例如用户的性别、用户使用的电脑品牌。在问卷中，我们虽然也对变量进行了编码，例如 1 代表男性，2 代表女性，但是这里的 1 和 2 实际上只是代号，并不代表 2 比 1 大，它们是并列关系。我们也无法计算分类变量的均值，不能说这批用户的平均性别是什么，只能说这批用户中男性用户和女性用户各有多少个（统计频率），各占多少百分比（统计比例）。

第二类变量是等级变量（ordinal variable），这类变量的取值是有大小或者优劣之分的。比如，用户的学历有高低之别，如果 A 用户为小学学历，B 用户为初中学历，C 用户为高中学历，我们可以说在学历上 C > B > A。等级变量同样不能算均值，我们不能说这批用户的平均学历是多少，只能说每种学历的用户百分比是多少。

第三类变量是定距变量（interval variable），变量的取值之间具有一定的间隔，这个间隔是等距的，例如用户的身高、年龄。这类变量不但可以区分大小，而且可以加减。例如 A 的身高是 165cm，B 的身高是 175cm，那可以说 B 比 A 高 10cm，也可以计算均值，如 A 和 B 的平均身高是 170cm。但是这类变量不能进行乘除运算，比如我们一般不会说 B 的身高是 A 的 1.06 倍。

第四类变量是定比变量（ratio variable），这类变量可以进行加减乘除四则运算，例如收入，A 的收入是 3000 元，B 的收入是 2000 元，我们不但可以说 A 比 B 多收入 1000 元，还可以说 A 的收入是 B 的 1.5 倍。

第一类和第二类变量也被统称为非连续性变量，第三类和第四类变量则被统称为连续性变量。在用户研究中，大量的变量都是分类变量和等级变量，定距变量和定比变量相对较少。

2. 描述统计：一切统计的基础

描述统计（descriptive statistic）是用户研究中使用最多的统计方式，也是一切统计的基础。我们日常工作中用到的平均数、百分比、标准差、四分位数等都属于描述统计。我们收集到的原始数据往往是纷繁复杂的、海量的，而人脑是无法处理和加工原始数据的。但是描述统计却可以将数据简化和浓缩。比如，我们收集了 500 个用户的月收入，可以用平均月薪这样的数字来代表收集的 500 个数字，从而大大简化数据，便于我们理解、传播和讨论。既然描述统计是简化，就不可避免地存在信息的丢失。所以我们需要知道描述统计的这种缺点，后面也会详细讲到这一点。

（1）频率与比例

前面讲述变量类型时提到，我们提到分类变量是很常见的变量类型，而在问卷调研中它是最常见的变量类型。对于分类变量来说，我们只能计算它的频率（frequency）和比例（ratio），而无法计算平均数。频率和比例两者要结合起来看，这样看数据才能更全面。

（2）平均数

平均数（mean）也是常见的描述统计，在用户研究工作中常用的又有算数平均数和几何平均数两种形式。

我们平常所见的平均分数、平均收入等平均值都是算数平均数（arithmetic mean），计算方法就是把样本的数值求和再除以样本数量。用户研究中，最常使用的就是算数平均数。

但是如果我们需要从时间维度上观测数据指标的增长率时，就不能用简单的平均值直接计算，而是需要用到几何平均数（geometric mean）。例如某款 App 的用户量第一年、第二年、第三年分别上涨了 5%、20%、30%，不能简单地说三年的平均上涨率是（5% + 20% + 30%）/3 = 18.3%。我们要用到几何平均数计算，平均增长率计算方法是：$\sqrt[3]{1.05 \times 1.20 \times 1.30} - 1 = 17.9\%$。先把增长率相乘，再根据计算周期开根。

当我们需要评估活动、激励措施的效果时，要使用几何平均数进行评估。例如，当业务本身有自然增长，企业又想通过做优惠活动加速增长势头时，如何评估优惠活动的效果呢？这时候利用几何平均数就可以帮助我们解决问题。如图 4-4 所示，1～6 月是无优惠活动的交易情况，根据几何平均数的计算公式，计算出月平均增长率为 14.1%。7 月引入了一个优惠活动，根据前几个月的平均增长率，计算没有活动的情况下，7 月的交易额应该是在 6 月的基础上增长 14.1%，也就是虚线部分的 330 万。7 月的实际交易额为 380 万，两者相减得到的 50 万可以视为活动带来的效果。再结合 7 月做优惠活动投入的资金，就可以计算出优惠活动的投入产出比。

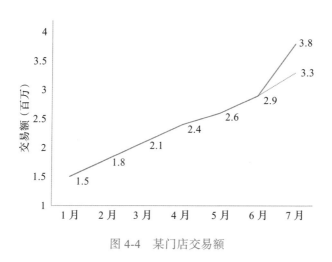

图 4-4 某门店交易额

前面提到，平均数作为一种数据简化的方式，是有缺点的。我们在使用平均数进行统计时也需要保持谨慎。因为调研的原始数据丰富多彩，但是我们往往通过平均数来代表，这是一种简化的过程。这种简化让人快速通过一个数据了解背后的一系列原始数据，但也会导致数据误读。只要你做过一段时间用户研究，应该会很熟悉下面的场景。当你汇报研究报告，讲到如下的结论：产品 A 的用户平均月收入为 5800 元，产品 B 的用户平均月收入为 8200 元，整体上产品 B 的用户更高端。有的听众会提这样的问题：我有个朋友月收入为 9000 多元，也在用产品 A，还有个亲戚月收入为三四千元，却在用产品 B，产品 B 的用户真的比产品 A 高端吗？其实这就是使用平均数统计带来的问题。当我们用计算出来的平均值得出产品 B 的用户比产品 A 的用户月收入高时，并不是说每一个产品 B 的用户月收入都比产品 A 的用户月收入高。在某些情况下，产品 A 的用户月收入比产品 B 的用户月收入高，这完全是正常的，但并不能根据个案推翻整体的结论。

我们使用平均数来做决策时也需要注意减少误用。平均数是对所有个体的平均，但是我们据此应用到每个个体的时候却有很多问题。《平均数的终结》一书中列举了这样一个案例，早期在设计飞机驾驶舱时，研发人员先测量了一批飞行员的各项指标（如身高、臂长、腰围），然后根据每个指标的平均值设计驾驶舱，这样做听上去合情合理。但 20 世纪 50 年代，美国人吉尔伯特·丹尼尔斯（Gilbert S.Daniels）对这种做法提出了质疑，他实测了四千多位飞行员的体重、身高、臂长等 10 个身体部位的数据，对 10 类数据取平均值，得出一个虚拟的"平均飞行员"，然后再反过来看这 4000 多个飞行员有多少个落在"平均飞行员"内。如果按照我们常规的逻辑思考，既然这个"平均飞行员"的数据是由 4000 多个飞行员真实数据算出来的，那么大部分飞行员的数据应该都在平均范围内。但是丹尼尔斯一一对比后发现，竟然没有任何一个飞行员的 10 个指标全部落在平均范围之内（数据上下相差 30% 也被视为在平均值内），有的人手臂长而腿短，有的人胸围大而臀围小。就像图 4-5 所示那样，每个飞行员只有几个指标在平均值内（飞行员 A 的臂长和胸围在平均值范围内，飞行员 B 的腰围、胸围和颈围在平均值范围内），而其他大部分指标低于或者高于平均值。更令人惊讶的是，丹尼尔斯发现，如果只选择三个部位进行比较，例如颈围、大腿围、腕围，那么也仅有 3.5% 的飞行员在这三个维度符合平均尺寸。平均数代表了所有人，但是每个人只有少数指标在平均范围内，这就意味着，如果我们用这些平均数去设计驾驶舱，就不适合每个人。正确的做法是尽量让驾驶舱设置成可调节的，让飞行员根据自己的情况去调整。

平均数思维是一种工业化的思维方式：先利用多数人的平均值制定一个标准，然后让所有人在这个标准上完成任务，如果这道工序平均花 5 分钟完成的话，就要求每个人都在 5 分钟左右完成。即使在教育领域，这种思维方式也已经悄无声息地存在着：课程是按照学生平均的学习速度安排的，如果学生平均花费一个星期就能完成某一章的学习的话，那就规定在一个星期内教完这部分。这种利用平均尺寸、工序完成需要的平均时间、平均学习时间来规定进度的弊端是明显的。但这种思维却已经潜入我们的大脑，"条件反射式"地影响着每一个人。它是一种让人适应系统和标准，而不是让标准和系统来适应人的思维方式。所以，当我们用平均数去做决策时，需要考虑到个体差异，不能完全按照平均数一刀切地去落地实施策略。

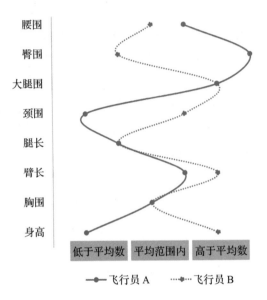

图 4-5　两个飞行员的 8 个身体部位的数据

（3）中位数与众数

在实际研究工作中，中位数和众数使用得较少，这里我们只简单带过。

中位数（median）是按顺序排列的一组数据中居于中间位置的数，也就是在这组数据中，一半的数据比中位数大，一半的数据比中位数小。我们知道有时候极端值对均值的影响很大，比如，计算某个团队的平均薪酬，假设大部分人月薪在 2 万左右，但是如果团队中有一个人月薪是 20 万，就一下子大大拉高了平均薪酬，这时候我们就不能只看平均数，也要参考中位数。

众数（mode）是指一组数据中出现最多的或者最频繁的数值。

（4）四分位数

前面讲到的中位数是一组数据中位于中间的数值，相当于通过一个点（即中位数）把整组数据二等分，四分位数则通过三个点（上四分位数、中位数、下四分位数）把数据进行了四等分。上四分位数是指有 75% 的数值比它低，有 25% 的数值比它高。下四分位数与此正好相反，有 75% 的数值比它高，有 25% 的数值比它低。四分位数也是判断数据分布离散性的指标，如果四分位数之间差距很大，说明这组数据中的个体差异性很大，反之亦然。

（5）方差与标准差

方差和标准差是用来衡量数据波动性或者变异性的指标。

方差是指一组数据中所有数据相对平均数的偏离程度，从这个定义我们可以看出，方差的计算是离不开平均数的。标准差是方差的算术平方根。统计中，标准差使用更加频繁。一组数据中的所有数值越接近平均数，就说明数据之间的波动性和变异性较小，这时候标准差越小。反之标准差就越大。如表 4-7 所示，15 名用户分别对产品 A 和产品 B 的满意度进行评分，原始数据一列展示的是用户的评分明细。虽然两款产品的平均满意度分数是一样的，但是产品 B 的用户打分较为接近，评分波动性和变异性小。而产品 A 的打分却两极分化，波动性强，有的评分很高，

有的却很低。从两者的标准差就可以反映出产品 B 的评分波动性
小于产品 A。这时候我们就要进一步看产品 A 中哪些用户打分高
哪些用户打分低（比如打分上会不会有年龄、性别差异），这也提
示我们需要进一步找原因。

表 4-7　两组数据的平均值和标准差

产品	原始数据	平均值	标准差
产品 A	1，2，2，6，7，9，10，7，6，7，8，7，3，2，9	5.73	2.96
产品 B	5，5，7，6，6，6，8，4，5，5，7，6，6，5，5	5.73	1.03

（6）交叉分析

　　交叉分析，就是从多维度看同一个数据。例如某款产品的满
意度为 8.6 分，交叉分析要求我们进一步看，男性和女性用户在
满意度上是怎样的？不同年龄段的满意度是怎样的？我们做数据
分析不能只满足于整体 8.6 分这样的笼统数据，而是要多维度去
看。交叉分析能帮我们找到细分的机会点，比如我们发现男性用
户评分是 8.9 分，但是女性用户只有 8.2 分，那就需要进一步搞
清楚女性打分低的原因，这里面说不定就隐藏着产品改进的机会
点。交叉分析整体上是一种帮我们探索数据、挖掘数据的方法。
问卷调研中尤其要注意交叉分析。

　　实际调研中，交叉分析的维度设定是比较重要的，维度决定
了我们从哪些角度看问题。如表 4-8 中的性别、机型系列都是交
叉分析的维度。同样的数据，可以交叉分析的维度可能非常多。
我们可以从如下一些维度去思考交叉分析。

　　1）用户基本信息的维度：例如从性别、年龄、收入、地域

等维度看数据，这是最基本的交叉分析维度，一般问卷调研分析
都需要做。

2）业务相关信息维度：如品牌（本品牌与竞争品牌）、价格
段（高端用户与中低端用户）、购买渠道（线上与线下）。这部分
需要结合具体业务形态和业务需求来定。

3）多个维度的交叉分析：有时候需要结合两个及以上维度
来进行分析，例如先看性别、再看每个性别下不同年龄段的用户
对产品的打分情况，这就涉及两层交叉分析。这种方法使用得相
对较少，但在需要对数据做深度挖掘的时候可能用得到。

表 4-8 交叉分析示例

题目	选项	整体 N=980	性别		机型系列		
			男 N=540	女 N=440	高端机型用户 N=110	中端机型用户 N=470	低端机型用户 N=400
你对智能音响的整体满意度如何？	用户满意度评分	8.6	8.3	9.0	8.3	8.6	8.7
你购买智能音响主要给谁使用？	自己/爱人	30%	36%	20%	28%	37%	20%
	老人	32%	27%	39%	36%	29%	36%
	小孩	35%	24%	49%	40%	39%	29%
	其他	7%	3%	12%	6%	8%	7%

当然，在做交叉分析的时候需要注意交叉之后的样本量大
小，因为我们做交叉分析的过程实际上是对被调研用户不断细分
的过程，即使我们调研的样本很大。如表 4-8 所示，我们虽然整

体上调研了 980 名用户，但是每个细分维度上的样本量会小很多，如果样本量过小的话，假设小于 50 甚至 30，统计结果就不可靠。

（7）相关

相关可以告诉我们两个变量之间的关系，例如身高和体重是紧密相关的，高的人体重更重。我们中国人常说的"红脸的人忠诚""白脸的人奸诈"，不管是不是对，这也表达了脸色和人格的相关关系。

在统计学上，相关有方向和强弱之分。相关有正相关和负相关两个方向，一般来说，像身高和体重、智商和学习成绩就是正相关，正相关情况下的相关系数取值在 0～1 之间。但是像产品的价格和销量一般呈现负相关，负相关情况下的相关系数取值在 −1～0 之间。相关的强弱主要取决于相关系数的绝对值大小，也就是说，相关系数越接近于 0，两个变量的相关性越弱，相关系数越接近 1 或者 −1，两个变量相关性越强。

我们平时所熟悉的内容推荐（如抖音视频、朋友圈广告）大部分都是基于相关来进行的。网站平台掌握用户的基本信息，通过建立用户基本信息和内容的喜好度关系，猜测拥有这样特征的"你"到底更喜欢哪些内容，从而为你推送它认为你最喜欢的内容。

当数据中的变量属于不同类型时，我们应该采取不同的相关类型。在用户研究工作中，主要有以下几种相关类型较为常用。

1）皮尔逊相关：两个变量均为定距或者等级变量时，均可用线性表示，采用此种相关系数。例如，我们计算用户的整体满意度和细分维度满意度之间的关系时，可以用皮尔逊相关系数进行计算。

2）点二列相关：一个是类别变量，一个是定距或者定比变量。比如我们想要看性别（只有男和女两个取值，属于类别变量）和满意度之间的关系时可以用这种相关测定。

3）等级相关：两个都是类别变量，比如我们想看用户性别和使用手机品牌之间的关系，两个都是类别变量，适合使用这种相关来计算相关系数。

相关分析中，也有不少陷阱值得我们警惕。

第一个常见陷阱叫作"全距限制"，这里的全距，简单来说，是指自变量和因变量的取值范围要够大。有人曾经说过学历和收入关系不大，但是当你看他收集的具体数据时，会发现其只收集了大专、本科、硕士学历的收入，这样计算的话确实相关性不大。这种计算的问题在于学历方面没有找到"全距"，要看学历和收入是否相关，至少要把中小学、高中、大专、本科、硕士及以上这几类学历的收入数据进行对比。日常生活中有人会总结一些成功人士的成功秘籍，比如访谈一些成功人士，提炼总结 10 条法则，这种也可能有"全距限制"的问题。因为这些法则只是从成功人士那里得来的，很多普通人也在践行这些法则，但却不一定能成功。如果我们系统考察这些法则在所有人群中的践行情况，然后再对这些人是否成功做相关，很有可能会发现这些法则跟成功的关系没那么大，或者 10 条法则里只有少数几条跟成功相关。全距限制既会导致本来相关的变量之间看上去不相关，也会导致本来不相关的变量之间看上去相关。

第二个常见陷阱是天花板或者地板效应，这跟全距限制类似。当测量中的因变量处在比较高（天花板效应）或者比较低（地板效应）的水平的时候，同样无法测量出相关性，我们在3.4.5节中也提到类似案例，这里不做详细说明。

（8）描述统计的注意事项

描述统计中没有一种指标可以完美反映整体数据全貌，所以要结合多种指标看数据，才能不至于偏颇。

1）平均数与标准差、频率分布的结合：在用户研究工作中，平均数是应用最广泛的，但是我们要注意有时候也需要看整体的分布或者标准差。如果数据分布比较极端，比如分布不符合正态分布，标准差很大的话，只看平均数无法反映全貌，要结合标准差、中位数、四分位数等指标一起看。

2）百分比与绝对值：多数情况下两者都需要结合起来看，否则我们就容易被数据蒙蔽。2021年9月苹果发布了新款iPhone，上市后销售火爆，但是股价却下跌了，有的媒体用这样的标题报道：iPhone上新后，苹果市值一夜蒸发3000亿元。跌了3000亿，看上去的确很严重，但是苹果当时是一家市值16万亿元左右的公司，3000亿只相当于跌了1.83%，在涨涨跌跌是家常便饭的股市中，实在没有必要对一个仅跌了1.83%的股票大惊小怪。当我们把苹果公司下跌的市值和百分比放在一起看的时候，就会觉得这是很正常的。媒体只把绝对值拿出来讲，会让很多不明就里的人很吃惊。

3）总量值与均值、百分比：当我们得到的是一个总量数据时，我们要考虑均值是什么，百分比有多大。例如当知道一个城市的 GDP 时，我们可以计算出人均、地均 GDP 的情况，将多个数据结合起来以更好地评估 GDP 发展情况。再比如，之前访谈商家使用微信支付的情况时，当他们告诉我们一天使用微信支付的交易有 1200 笔时，我们会进一步问他们一天总交易量有多大，然后计算微信支付的占比，只有这样才能知道微信支付的真实使用情况。如果一天总交易量有 10000 笔，那么微信支付的使用占比只有 12%，但是如果一天交易量是 2500 笔，那么微信支付的使用占比就高达 48%。所以不看百分比，只看 1200 笔这样一个数字，我们无法知道微信支付用得怎么样。

3. 推论统计

前面提到过，多数情况下我们只能调研样本，但是却希望从样本调研得出的结论是适用于整体的。推论统计正是这样一个工具：它可以帮助我们通过样本的数据推导整体的结论。我们从样本数据推导整体的情况时，样本数据有多大可能性是适用于整体的？可以通过概率来描述这种可能性。例如我们让两批用户分别试用了产品 A 和产品 B，发现产品 B 的满意度分高一些，但是这种差异到底仅仅是我们所观测的两组样本的差异，还是整体用户都是这样的？这就是推论统计要回答的问题：

1）整体上看，我们的结论是什么？
2）这个结论有多大概率上是可靠的？是不是有显著差异？

推论统计，又被称作"假设检验"。假设检验的意思是说，我们一开始会有一个零假设，即两组或者多组数据之间没有差异；也有一个备择假设，即两组或者多组数据之间有差异；然后通过推论统计，来检验到底哪个假设是对的。

（1）置信区间

我们做调研的逻辑是从样本情况来估计整体情况，置信区间是通过样本的数据计算出整体的均值在哪个范围内。从样本中计算出的平均数是一个数值点，我们都知道：样本的平均值≠整体的平均值，用样本的平均值这样一个"点"来估计整体平均值的话，虽然看上去很精确，但是不够准确。或者严格地说，无限趋近于100%错误。经济学家凯恩斯有一句名言：宁要模糊的正确，也不要精确的错误。如果我们把整体的平均值作为"真值"，使用样本平均值来估计它，更像是一个"精确的错误"。而如果使用置信区间来估计，则更像是"模糊的正确"。好比我们随机找了500名中国男性，经过测量计算出他们的平均身高是170cm，我们显然不能据此下结论说中国男性的平均身高就是170cm，因为通过样本均值精确命中整体均值的概率是很小的。但是如果你说虽然通过样本计算得出他们的平均身高是170cm，但是有上下3cm的误差，所以预计平均身高会在167～173cm之间，这种说法显然比中国男性平均身高是170cm这种说法更正确。用平均数估计就像是这个案例中的170cm，用区间估计就像是这里的167～173cm。

一个典型的区间估计是这么表述的：中国男性身高95%置信度的区间是167～173cm。167～173cm代表的就是置信区间的宽度。当然，置信区间越窄越好，太宽的置信区间对我们的指导作用将会大大下降。置信区间是通过样本的均值 ± 误差幅度算出来的，误差幅度的大小决定了置信区间的宽与窄，缩小误差幅度能让区间变窄，那误差幅度是由哪些因素决定的呢？

第一个是置信度。置信度代表的是整体的均值落在这个置信区间的可能性有多大，如上述案例中 95% 就是置信度。置信度要求越高，区间就会越宽，如果要求 100% 置信度的话，可能需要把置信区间扩大到 0～250cm 这样的区间，我们虽然可以完全确信地说中国男性身高 100% 处于 0～250cm 之间，但这样也就毫无意义了。在实际工作中，一般会选择 90%、95% 或者 99% 置信度，在这三种置信度水平下，置信区间是依次变宽的。

第二个是样本量。样本量大有利于我们缩小误差。

第三个是样本的标准差。样本的数据之间差异较大，估计偏差就会大；样本之间的差异小，估计偏差就会小。

（2）显著性检验

我们知道，我们拿任何两组数据出来计算平均数（例如男性用户和女性用户的满意度，一线城市和二线城市用户的收入），它们完全相同的概率是很小的，换句话说，不同组之间的差异是普遍存在的。在差异普遍存在的情况下，我们真正需要搞清楚的是，这种差异是否有意义。展开来说，我们需要问以下几个问题：差异到底是随机产生的误差还是有显著差异呢？这些差异是否值得我们去重视？我们是否需要根据差异采取相应的行动？显著性检验正是可以告诉我们差异是否有意义的工具。

举一个更形象的例子，如果我们想测试新版本的满意度是否好于旧版本，新版本是否值得去大规模推广，我们找了一批用户，测试后发现新版本的满意度是 8.7 分，旧版本的满意度是 8.5 分。这一定就代表新版本比旧版本好吗？其实只看这两个平均分是不能说明问题的，因为新版本多出的这 0.2 分可能仅仅是随机误差而已。我们必须要经过严格的显著性检验过程才能了解这 0.2 分是否有意义，是否需要行动起来去推广新版本。当显著性检验后发现差异显著时，我们会认为差异有意义，新版本大概率会比旧版本带来更高的满意度评分，值得推广。当显著性检验后发现差异不显著时，我们会认为新版本和旧版本在满意度评分上没有差异，这 0.2 分的差异仅仅是随机误差而已，新版本并不值得推广。

所以，描述统计会告诉我们几组数据的平均值、标准差、变量间的相关关系等基本信息，仅仅是"What"层面的问题，是现象。而显著性检验则是回答"and then?"的问题：我们该如何理解这些差异？这些差异值不值得我们重视？接下来我们应该怎么办？

接下来介绍下两种基本的显著性检验思路：T 检验和方差分析。

当我们比较两组数据（如实验组与对照组的满意度，男性用户与女性用户的购机价格）的平均数是否有显著差异时，就需要采用 T 检验的方式进行显著性检验。注意，既然是比较数据平均值，一个内在要求就是要比较的因变量类型为连续性变量（定距变量或者定比变量）。如果这两组数据分别对应了两组不同的用户，如男性用户和女性用户，则应该采用独立样本 T 检验的形式。因为这两个样本是独立的。但是如果两组数据来自同一批用户，例如我们让同一批用户对产品 A 和产品 B 进行外观打分，这就需要使用配对样本 T 检验的形式进行检验。

当需要对多组数据（如实验中有 3 个处理组和 1 个控制组）进行比较，或者研究多个自变量（如研究用户性别和年龄对外观偏好的影响）对因变量的影响时，我们需要采用方差分析进行显著性检验。

方差分析，顾名思义，就是对"方差"的分析。我们之前提到，方差是对一组数据变异或者波动的衡量指标。方差分析将变异分为总变异、组内变异和组间变异三部分，三者之间呈现以下关系：

$$总变异 = 组内变异 + 组间变异$$

我们大致可以把组内变异视为随机变异，把组间变异简单理解为自变量引发的变异 + 随机变异。如图 4-6 所示，一共有 8 名用户对产品满意度进行了评分。如果我们按照男女分组，可以看到男女两组之间的差异较小，两个组内差异比较大。那这种分组就没有意义，这时我们认为性别这个自变量对因变量满意度没有影响。如果我们再按照年龄进行分组看数据，会发现组间变异足够大，组内变异很小。那么我们认为年龄这个自变量可以影响因变量，而且年龄≥35 岁的用户对产品的满意度明显更高，这预示着我们针对这部分用户进行产品推广的成功率可能更大一些。当然，这里仅仅是示例，实际上分析工作需要较大的样本量，方差分析显著性的计算也要通过 SPSS 等软件进行，这里不做具体介绍。

用户对产品满意度的评分

用户	性别	年龄	满意度
1	男	≥35岁	8
2	女	<35岁	5
3	男	≥35岁	7
4	男	<35岁	5
5	女	<35岁	6
6	男	≥35岁	8
7	女	<35岁	7
8	女	≥35岁	10

不同分组（自变量）下的满意度分析
男
女
8, 7, 5, 8
5, 6, 7, 10
若采用男女分组，发现两个组内变异性较大，但是两个组间无差异（均值一样）。这时，男女性别对因变量影响不显著
≥35岁
<35岁
8, 7, 8, 10
5, 5, 6, 7
若采用年龄分组，发现两个组内变异性较小，但是两个组间差别很大（均值差异大）。这时，年龄对因变量影响是显著的

图 4-6　方差分析基本原理

如果在一次分析中有多个自变量时，统计时需要注意自变量的主效应和自变量之间的交互效应。主效应是指自变量单独对因变量的影响。在上述图 4-6 所示的例子中，性别和年龄各自对满意度的影响就称作两个自变量的主效应。交互效应是指一个自变量对因变量的影响随着另外一个自变量的水平不同而不同。如图 4-7 所示，我们仍以用户对产品满意度的评分为例。图 4-7a 是不存在交互效应的情况，不管在哪个年龄组，男性和女性用户的满意度评分是一样的。而图 4-7b 则是存在交互效应的情况。我们看到在≥35 岁年龄组中女性评分高于男性评分，但是在<35 岁年龄组中却正好相反，男性评分高于女性评分。年龄对于满意度的影响随着性别不同而不同。当然这里仅仅是示例，交互效应是否显著也需要经过显著性检验后才能确立。

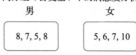

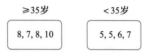

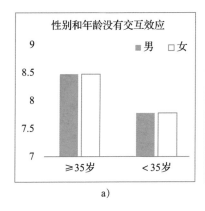
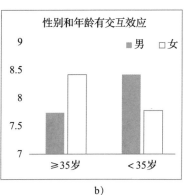

图 4-7 交互效应示意图

显著性检验的注意事项

工作中我有时看到有人拿整体的（而不是样本）数据做显著性检验，这明显是画蛇添足。这就好比我们已经喝了整锅汤，就没必要再舀一勺出来品一下，用这勺汤的味道去推断整锅汤的味道。显著性检验一定是在抽样调研的语境下进行的检验，因为这涉及从样本结论推导出整体结论的过程。但是如果我们已经拿到了整体的数据，就没有必要做显著性检验。比如我们收集到了全公司的人员对行政服务的满意度，或者做的是普查性质的调研，因为这已经是一份整体数据了，所以就没必要再做显著性检验了。

在显著性检验中，样本量越大，越容易出现显著性的结果。如果样本量过万，甚至超过几十万的话，即使很微小的差异也会带来显著性的结果。例如我们可能发现任何细小的差异都有显著性，当样本量如此大时，再进行显著性检验的意义已经不是特别大了。

上面讲到的描述统计和推断统计可以帮忙解决用户研究工作中大部分的数据分析问题。但在有些场景下，我们还会用到高级数据统计方法，如计算因变量和多个自变量关系的回归分析、对人群进行分类的聚类分析、将变量简化的因子分析、将人群信息和产品属性信息进行匹配的对应分析等，这里不做介绍，感兴趣的读者可参考相关书籍了解更多内容。

4.3.4　数据表达与结果呈现

统计数字从表面上看是数学计算，但是在实际中，它更像是语文，因为数字背后的定义、内涵、口径决定了数据的意义。看统计数字，首先要看数据是如何统计出来的。统计是可以"说谎"的，当然这里的说谎并不是那种低级的数据造假，而是即使在数据都是真实的情况下，也可以巧妙利用统计设置陷阱来误导人。比如，在京东6·18各大手机品牌发布的战报中，我们如果只关注海报中的大字，你会发现它们都是销量冠军，但是在海报不起眼的地方往往会有一些小字，其实这才是重点。如图4-8所示，左边海报中我们第一眼看到的是"小米10销量冠军"，但是当中有一行小字"6月1日-18日京东平台3500-4500价位段"，右边两张图也一样。网上流传这么一句话："只要定语足够长，谁都是冠军"，形象地说明了通过增加限定条件的方式，每个品牌都可以做到第一。这也是为什么说统计学更像是语文。

要想让数据清晰，让人少产生迷惑，至少以下几点是我们需要注意的。

资料来源：各手机公司对外宣传材料

图 4-8　各手机公司发布的京东 6·18 战报

1. 让人理解数据的本质

数据本身代表什么含义，是需要研究者明确告诉受众的。2020 年华为手机的市场份额大减，有人问为什么还经常看到有人用华为手机？这就涉及数据的含义，市场份额的实际含义是指当前这个季度或者年份卖出去的手机很少，本质上是一个流量或者增量指标，简单说就是当季或者当年的新增销量很少。但是华为手机作为一个大品牌，已经营多年，是有众多存量用户的，我们平时看到的华为用户多数是存量用户，就像一个很大的水池，虽然进水管的水量已经很少或者几乎不进水了，但是池子里仍然还存着很多水。

类似地，还有人讲自己生活中感受到的离婚率很高，为什么每年政府统计出来的数字如此低呢？例如 2018 年中国的离婚率是 3.2‰，很多人觉得这个数据低得不可思议。其实仔细看下国家统计离婚率的计算公式，就清楚为什么了。中国的离婚率统计采取的是与国际接轨的做法，具体统计方法是：某年的离婚率 =

某年离婚对数／某年的平均人口数 × 1000‰。2018 年全国结婚登记 1010.8 万对，离婚登记 446.1 万对，中国总人口 14 亿左右，得出离婚率是 3.2‰。我们通过这个公式可以发现，离婚率是某一年的离婚率，提离婚率不能离开年份单独说，也就是说 2018 年之前的"存量离婚"是不算在 2018 年的离婚率中的，它实际上是某一年新增离婚的"流量指标"。而我们感受到的周边离婚其实可以算作多年以来"存量的离婚"，是周边亲朋好友中目前已经处于离婚状态的人。所以数据的本质是需要首先搞清楚的。

2. 讲清楚数据统计口径

当需要对比不同的数据时，一定要确保数据口径一致，否则不具备可比性。这一点听上去很明确而且理所当然，但是实际工作中却容易犯错。数据统计口径主要从以下几个方面来看：数据来源、统计范围、统计方法、统计时间。

数据来源是否权威，决定了数据可信度，例如国家统计局的信息一般是权威可信的，我们可以直接拿来使用，但是也要注意其采用的统计口径。

统计范围是指统计了哪些用户、哪些地区等的数据，比如有的研究数据只是针对高端用户的研究结果，那一定要标注清楚，避免给读者带来误解。像我们上面讲到的各个公司都宣称自己是销售冠军的例子，也是由于每个品牌的统计范围不同而造成的。

统计方法就是数据是如何统计的，例如有数据表明英国伦敦以外的地区婴儿死亡率要高于伦敦市区，这是否意味着伦敦以外地区的医疗水平差呢？其实并不是，这里的关键在于对"婴儿死

亡"的定义，伦敦市的标准是怀孕 24 周以后的婴儿死亡就算作
"婴儿死亡"，24 周之前的算作流产，而伦敦之外的地区是按照
22 周算的，如果按照统一的方法来计算的话，就不会有显著差
异了。

统计时间在有的情况下，也是统计口径中很重要的一部分，
如同一款手机刚买来 1 个月时，用户满意度可能是 90 分，用了
两年之后，待机时间下降，流畅度下降，用户满意度肯定会下
降。所以我们在看硬件满意度的时候，最好也要注明调研是在什
么时候做的。

以上这些问题都是我们在研究中容易出现的疏漏，都需要通
过讲清楚数据统计口径，让读者更清楚数据背后的信息。

3. 注意分析单位

《赤裸裸的统计学》一书中举了如下案例，提到了两位候选
人在辩论时候所说的话：

政客甲：我们的经济一塌糊涂，2012 年有 30 个州的收入都
出现了下降。

政客乙：我们的经济形势一片光明，2012 年有 70% 的人收
入增加了。

以上两位政客的说法都是正确的，但是我们仔细看，他们
的分析单位是不同的，甲是以州为单位看，多数州经济表现并不
好，乙则以人为单位看，又发现经济还不错。因为每个州的人口
不一样，虽然大部分州的收入在下降，但是那些人口大州的收入

却在增长，所以整体上看大部分人的收入是在增长的。可见分析
单位不同，所得出的结论也会不同，甚至完全相反。美国总统大
选也曾出现了这样的状况，表 4-9 是 2016 年的大选数据，如果
我们从普选票（从个体选民角度）来看的话，则候选人 B 赢了，
她获得的选票比 A 多出了足足 290 万张（占全国选票的 2.1%），
但是美国选举是根据选举人票来决定选举结果的，所以最终 A 赢
得了大选。同样一次选举，从两个角度看，就是两种截然相反的
结果。

表 4-9　2016 年美国总统大选数据

候选人	赢得普选票数量（%）	赢得选举人票数
A	62 984 828（46.5%）	304
B	65 853 514（48.6%）	227
其他候选人	6 678 550（4.9%）	0

资料来源：根据 270towin.com 网站数据整理而来。

我们在工作中经常按省份、城市或者国家分析数据，当按
这样的维度去看数据的时候，就要意识到这里的分析单位并不是
最细的，而是较粗的分析单位，如果我们再按照细一些的分析单
位，如人的维度去看的话，结果可能大不相同。

有时候，涉及时间的分析也需要注意分析单位。如表 4-10
所示，如果只看 App 的月活用户（Monthly Active User，MAU），
每月使用 1 次以上的用户记为 App 月活用户，看上去 App2 的
活跃度更高。但我们的分析不应该止步于此，还要看日活用户
（Daily Active User，DAU）情况，结果发现 App2 的活跃度不如
App1。当然，并不是说哪一种分析单位对我们有利，就用哪一

种分析单位，而是要全面地看问题，多试一些分析单位，采取更适合业务需求和形态的分析单位，同时注意不要忽略最细的分析单位，力争做到不要有意或无意利用不同的分析单位误导读者和听众。

表 4-10　不同 App 的 MAU 和 DAU 举例

	MAU	DAU
App1	5000 万	4000 万
App2	7000 万	800 万

用户研究的常用工具

人物角色、用户旅程图和任务分析是用户研究中常用的工具。人物角色主要帮我们看清目标用户是谁。用户旅程图可以告诉我们用户在使用产品的过程中有哪些关键节点，以及用户在关键节点上的体验如何，帮我们梳理清楚最应该改善的点在哪里。任务分析是通过用户使用产品的方式，了解用户心智，从而为产品设计提供参考。

5.1 用户人物角色

下面我们围绕人物角色的定义、为什么需要人物角色以及如何创建人物角色展开讲述。

5.1.1　什么是人物角色

人物角色（persona）是在用户访谈和调研基础上创建的虚拟角色。人物角色是对我们所收集到的用户资料的简化和凝练。因为我们做调研获取的定量、定性数据都非常复杂，不容易被人接受和记住。当我们调研完，把结果反馈给产品、研发团队时，能不能用一个简单易懂的形式描述清楚目标用户呢？答案是肯定的，这种情况下就非常适合用人物角色来表达用户研究的发现。人物角色的作用很像是给人"起名字或者打标签"，本质上是一种团队内沟通协作的工具，它决定了我们的产品为谁研发、营销对象是谁。现实生活中，当我们提到某个人的名字，就能想到一个鲜活的人：他的个人形象、性格、经历等。设想一下，如果人没有名字的话，互相沟通起来会有多难，我们可能只能这么沟通："你帮那个黄头发的高个子男同事叫一份外卖可以吗？"别人有时候会不知道你在说哪位，需要反复确认才能达到沟通目的。但是当我们说："你帮小 A 叫一份外卖可以吗？"对方就立刻明白了。

跟用户研究一样，人物角色在小说中也是存在的，小说《活着》的主人公是一个叫福贵的角色。但是福贵并不是一个人，而是千千万万人的缩影。我认为这也类似于我们在用户研究中对用户资料的简化和凝练，将众多用户简化或凝练为一个或者几个人物角色。余华在一次访谈中对福贵这个角色是这么说的："有人问福贵这个人物是不是生活中有原型？我说任何一个人物在生活中都会有原型，但这个原型不会只有一个，这个原型起码 1000 个以上，综合到你的感受中，然后你把他写出来。"听他说完这段话，顿时感觉写小说跟做用户研究有共同之处。

人物角色主要包括：用户命名，用户基本信息（如年龄、性别、职业、居住地等），用户基本情况（如性格、经济状况、家庭情况、生活形态、价值观、消费观等），用户目标/需求，产品使用场景和产品使用痛点等，如图5-1所示。用户命名能让受众群体一眼就能理解到用户是谁。这些用户信息让我们对用户有了一个基本的认知，用户需求、痛点和产品的互动则是用户在认知、购买、使用时的特点，这些会对产品定义、改善有启发意义。如果我们构建人物角色后，业务方可以知道产品为谁而做、要朝着哪些方向去做、为什么这样去做，这就是一个成功的人物角色。

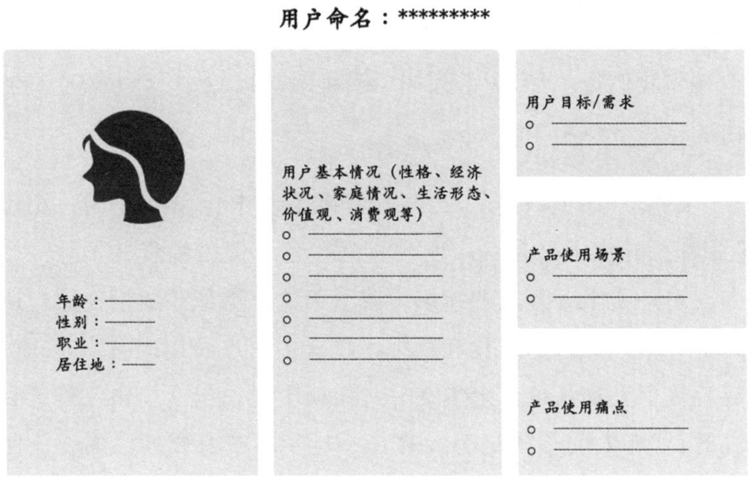

图 5-1　人物角色示例

5.1.2　为什么要建立人物角色

为什么需要创建虚拟的人物角色呢？或者说它的价值是什么？简单来说，主要有以下几点：

第一，人物角色可以让团队内达成共识，避免不同人对用户的理解不同，为团队内部提供了一种"共同语言"，所以它更像是一个沟通工具。在实际工作中，产品开发团队人员众多，有开发者、设计师、产品经理、市场营销人员，这么多人在一起协作，需要有一个形象化的"目标用户画像"，以统一内部语言。而在我们的研究过程中，定量和定性调研的展现形式都是文字或者数字，并不直观。如果我们将这些调研内容抽象成一个活生生的人物的时候，就会很容易在团队内传播和执行。如果没有人物角色，我们可能会这么描述目标用户：我们的产品的目标受众群体大部分（80%）是收入较高的人群，月均收入 50000 元，70%以上生活在一二线城市，80% 以上为男性；虽然收入较高，但是生活压力很大，上有老下有小，除去固定开支每月可以自由支配的金钱少于 10000 元，他们 80% 以上都是高级白领，工作繁忙、休闲时间少。我们如果用一个"奋斗有为的大城市中年男性"这个人物角色来指代上述人群，然后对这个人物进行形象化描述，显然比用前面这个冗长的目标用户描述要简洁、直接，且更容易跟各部门相关人员沟通。当然这里并不是说用人物角色来替代目标用户描述，而是要把两者结合起来一起呈现给相关人员。人物角色可以引起共鸣，而人们对于统计数字、图表和定性结论很难产生深刻印象，也很难引起共鸣，如果人物角色表面上看是一个活生生的人物，那么我们为他设计产品的时候会更有代入感。

第二，人物角色可以让团队专注目标用户群体。我们做任何产品都不是为所有用户而做的，而是要有所取舍。我们"取"的就是人物角色所代表的主要用户群，"舍"的就是这个主要用户群之外的群体。所有的设计都是聚焦于满足这部分主要用户的需求，而不是面面俱到，照顾到所有用户，把产品做成一个"四不像"。当一个产品试图考虑到所有用户的时候，往往就是谁也没有照顾到。特别是很多时候不同用户的需求侧重点有很大不同，例如，同样是买手机，有的用户只追求便宜，而有的用户更追求品质。人物角色定好之后，我们要围绕圈定的人物角色规划产品，从这个角度来讲，人物角色也是一种帮助业务聚焦核心用户群体的工具。

5.1.3 如何构建人物角色

第一步：研究目标用户。主要研究谁是我们的顾客或者用户，他们对我们的产品有哪些行为、需求和期望。这里的用户研究既可以是定量的，也可以是定性的，当然更多情况下是两者的结合。

第二步：提炼调研结果。如果是定性研究，那么我们需要根据调研资料找到主题，这些主题要具体，且需要跟我们的产品品类相关。如果是定量研究，那么我们可以采用聚类分析等方法将用户进行分类。当然，如果能将两者结合起来做人物角色，效果会更好。

第三步：头脑风暴。将代表用户的元素、数据融入人物角色中，给人物角色起名字，最终形成粗略的人物角色。有时候，我们不止需要建立一个人物角色，而是需要建立多个。比如，对于像手机这样的产品，有不同价位段和配置的差别，从而分出高中低端系列，那就需要分系列建立人物角色。确立了不同系列各自的人物角色之后，再做产品或商业决策就会更有针对性。比如某个产品性能是否要在某款手机上做？就需要回到这个手机的人物角色是谁，他是否需要这样的功能，以及没有这样的功能是否会对用户的购买和使用产生重大影响等问题上。所以，当公司面临多款产品时，为每一款产品建立人物角色，可以更好地区隔产品，让每个产品都有自己的定位，有自己的差异化。

第四步：分清优先级，确定人物角色的优先级，哪些是主要关注的人物角色，哪些是次要人物角色。这一步需要多跟业务方进行沟通，达成共识。

第五步：完善人物角色，在第三步的粗略人物角色基础上完善信息，形成最终的人物角色。

5.1.4　创建人物角色时需要注意的问题

在描绘和划分人物角色时，我们需要同时具备用户视角和业务视角，这样创建的人物角色才是有用的。人物角色是从业务视角出发对用户进行划分。之前见过有人在建立人物角色时，通篇都是对用户的详细描述，但是没有任何业务的内容，这样对业务就没有任何指导作用。假设你在为一个软件产品做人物角色，那么你就要在人物角色中包含用户对产品的态度、价值认同情况、使用场景、使用痛点等内容。换句话说，做人物角色不可以脱离我们当前要完成的业务。

人物角色实际上是一种折衷的结果，因为如果我们看所有用户的话，是复杂的、饱满的，而人物角色无法涵盖所有的用户，所以是相对简单的、干瘪的。但是为了让团队可以共同协作从而为用户打造产品，我们只能用一套简单的人物角色来保证内部统一认识、统一语言。这种为了团队内部沟通的便利性，而牺牲研究的丰富性与复杂性的情况就是一种折衷。

当然，过度简化也会带来一些问题，特别是当我们为人物角色取名不当的时候，容易让人产生误会。例如，当我们把某款手机的人物角色命名为"重视性价比的顾家人士"时，会很容易让人在为这类人设计产品时倾向于低配低价。而实际上这批人所重视的性价比并不一定是绝对的低价，而是寻找价格和性能的平衡，一款中等价位的手机，甚至高端手机也可能是高性价比的。可见，使用人物角色这样的工具沟通时，我们不能只看命名，还要看用户背后的定量和定性数据，才能尽量避免被命名"标签化"。

5.2 用户旅程图

接下来，我们主要讲述用户旅程图的定义、为什么需要创建用户旅行图和用户旅程图的制作方法。

5.2.1 什么是用户旅程图

用户旅程图描述的是用户在使用我们的产品或服务的过程中，为了完成目标而经历的一系列过程、步骤与体验。旅程图首先是一系列沿着时间线而展开的用户操作步骤，然后把用户在完成这些操作步骤过程中的想法和情感以可视化的形式表达出来。

如图 5-2 所示，一张完整的用户旅程图是这样构成的。

1）人物角色与场景：顶部是一个用户人物角色及其使用场景，有的用户旅程图中没有人物角色这部分，也要描述在这个场景下要完成的目标和期望。

2）用户行为与感受：用户完成目标要经历的阶段，在每一个阶段的操作步骤，以及在操作过程中的想法和感受。我们可以看到图 5-2 中底下的曲线部分代表的是用户的心理感受波动情况。在这个案例中，用户在"使用"阶段的感受是比较差的，因为用户认为只有输入手机号才能完成操作非常麻烦。这一部分是用户旅程图比较核心的地方。

3）机会点：有的旅程图会在底部写明洞察和机会点。在图 5-2 中，用户认为输入手机号非常烦琐，实际上这是首次刷脸支付时才需要完成的操作，后续再刷脸支付时只需要输入手机号后四位或者免输入手机号，但是用户并不知情，影响了后续使用，所以这里设计人员也要通过适当方式让用户了解当前步骤是后续使用刷脸支付时的非必要步骤。这些优化动作都可以写在用户旅程图的底部。

5.2.2　为什么需要用户旅程图

用户旅程图通过从用户视角来梳理用户如何全流程与我们的产品和服务进行交互，从中帮助我们找到改善用户体验的突破口。用户旅程图可以帮我们梳理出一些容易漏掉但是很重要的环节。有时候问题并不出在产品上，如果我们不看用户只盯产品的话，很可能永远找不到问题的症结。比如，根据我们之前的观察，在线下门店中，用户不需要出示二维码只需刷脸即可完成支付，尽管产品已经非常易用了，但是一直以来很少有用户真正去用。通过梳理整个用户流程，我们发现问题在于：用户不愿意去尝试使用。这时可以通过让收银员鼓励用户尝试再辅以刷脸支付有优惠这样的运营活动吸引用户使用。如果我们只在办公室里把产品做到最好，而不去全流程梳理问题的话，就很难找对提升产品使用率的措施。

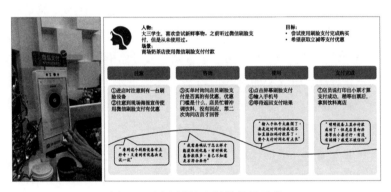

图 5-2　用户刷脸支付旅程图示意

俞军在《俞军产品方法论》里面也讲述了一个类似的案例，解释了为什么 Google 的搜索结果不如 Yahoo 的好（2004 年的测评结果），但是用户却更习惯用 Google。如果单从搜索结果看 Yahoo 确实做得更好，但是从全流程的体验来看则正好相反。例如，打开 Google 页面，输入光标会自动停在输入框位置，而 Yahoo 搜索却需要通过鼠标定位到搜索框中。再如，当时 Yahoo 的搜索结果里有一些横幅广告，在 2004 年那个带宽有限的年代，显示所有内容需要一定的等待时间，而 Google 的搜索结果比较纯净，速度更快。如果当时对 Yahoo 和 Google 的搜索分别做一个用户旅行图的话，你会发现 Yahoo 搜索结果好的单点优势无法弥补其在全流程上整体的劣势。所以用户旅程图可以帮我们跳出点状的片面思维，关注更全面的视角。

用户旅程图还可以让我们深刻理解用户的动机和偏好，因为用户旅程图不仅展示了用户的操作步骤，更重要的是让我们了解到用户背后的思考、逻辑和喜好，看到用户心情在使用产品全流程中的变化，这样才能够对症下药，更好地解决问题。

与用户人物角色类似，用户旅程图也是公司内部多个团队和部门使用的工具，它可以帮助我们发现更多用户洞察，促使各个部门围绕用户使用产品全流程中的问题思考解决办法。这对整个公司来说，也是一种用户研究思维的宣传和实施落地，可以提升各业务部门对用户的关注度。

5.2.3　用户旅程图的制作方法

1）选定范围：用户旅程图的范围可以很大，也可以很小，完全取决于我们的视角和分析目的。比如，我们要为一个硬件产品绘制用户旅程图，可以从大的层面分成以下几个阶段进行绘制：用户购买前、用户购买中、用户购买后使用产品、用户换机；也可以从小的层面绘制，只关注用户从拿到手机到开始使用这段旅程，分以下几个阶段绘制：用户拿到产品、开箱、开机、设置、试用、留用 / 退换货。

2）列出全流程的阶段及用户触点：在选定的范围内，我们需要列明用户的流程整体上可以分为几步，每一步中用户与产品的触点有哪些。

3）通过调研，了解用户行为，以及用户行为中的痛点、体验与想法：前面几步帮我们搭建了一个框架，这一步才是实实在在的内容。为了完成这一部分，我们需要根据研究目的，做用户访谈和现场观察，也有可能需要查看用户日志、进行可用性测试等。对于研究方法，以定性研究为主，但是如果能用定量研究（数据）做辅助更好。可以这样说，用户旅程图的框架是我们选定的，但是里面的实质性内容都来自用户研究结果。

4）挖掘机会点：这一部分需要从用户视角逐步转化到企业内部视角，主要回答以下问题。例如，我们从用户旅程图中能获取什么洞察？应该如何改善目前存在的问题？哪些部门负责改进？这一部分需要所有与用户旅程图相关的部门都参与进来，大家共同思考，共同细化。

我们需要多少张用户旅程图？这个问题没有标准答案，主要取决于我们观察问题的视角与人物角色的多少。首先，从制作用户旅程图的第一步开始，我们就发现在一个公司内，即使是针对同一类产品，用户旅程图也可以有多张，因为不同的看问题的视角决定了需要绘制不同的用户旅程图。其次，用户旅程图与用户角色紧密相关，旅程是针对特定的用户角色的，如果有多个人物角色的话，那每个人物角色至少需要一张旅程图。

如果我们通过梳理用户旅程图，发现体验问题比较多，无法短期内同时解决，那么要优先解决哪些问题呢？企业的资源和精力毕竟有限，如果我们在每个体验点上平均用力，最终结果反

而费力不讨好。此时可以参考丹尼尔·卡尼曼的峰终定律（Peak-
End Rule）。根据这个定律，人对体验的记忆仅有两个关键点：
体验的高峰（可能是正面也可能是负面体验）和结束时的体验。
你可以试着回忆一下自己最满意或者最不满意的一次旅游，能够
记起的点无非就是几个片段，其中就包括你最开心或者不开心的
点，或者旅程结束时的体验，而其他的记忆全都慢慢消失了。峰
终定律可以指导我们识别出关键的体验点，帮助我们集中主要精
力打造好关键体验，对于非关键体验点，做到平均水平就够了。

北欧航空公司总裁卡尔森曾经说过："我们每年接触 1000 万
个乘客，每个乘客平均会接触 5 个员工，每次接触大约 15 秒。
所以这 5000 万个 15 秒，就是我们的关键时刻。北欧航空必须在
这 5000 万个 15 秒里向乘客证明，北欧航空是他们最好的选择。"
北欧航空找到的关键体验就是员工与顾客接触的这 15 秒的时间，
并通过实践证明，将改善重点放在这里是有效的。

5.3　任务分析

任务分析在用户研究日常工作中用得相对较少，我们这里重
点介绍下什么是任务分析及任务分析的常用方法。

5.3.1　什么是任务分析

用户如何使用产品完成自己的目标？这是任务分析要做的事
情，这里所谓的"任务"是有明确起点和终点的用户活动，可能
会由一个或者若干个活动构成。任务分析不仅需要分析外在的用

户行为，而且需要分析行为背后的心理活动。任务分析也可能涉及多人、多角色，甚至人机交互等。例如，用外卖软件点餐的流程是这样的：首先下单，商家接单，系统派单给外卖小哥，外卖小哥取餐，再送餐给我们，这就涉及用户、外卖员、商家、系统四种角色的多个任务，如果要设计这样一个外卖流程，需要对每个任务进行细致分析。

任务分析要分清楚用户任务和目标两件事情。例如用户去购物网站购物是目标，而为了完成这个目标，用户需要执行一系列任务：打开网站→搜索自己想买的产品→比较不同的产品→选择喜欢的产品并加入购物车→结账购买，这5步操作都属于"任务"。任务分析之所以重要，是因为如果我们无法把用户的任务分析清楚，用户就无法通过我们的产品完成目标，而用户目标无法通过产品完成，产品就失去了存在空间。

任务分析与用户旅程图看上去有很多类似的地方，但是二者的侧重点有所不同。任务分析侧重挖掘用户目标及如何完成目标，而用户旅程图侧重挖掘用户在一段过程中的主观体验。

5.3.2　任务分析的内容

任务分析可以帮我们了解以下内容：

1）用户的目标是什么？

2）用户为了完成目标实际上做了什么？

3）用户在做任务的过程中有一些什么体验？

4）用户是如何受物理环境影响的？

5）用户的先验知识和经验是如何影响用户操作的？

6）用户完成任务的流程是怎样的？

5.3.3　任务分析的目的

葛列众等人在《用户体验－理论与实践》一书中详细介绍了任务分析在用户体验设计过程中的主要作用，主要有以下几点。

1）系统功能设计：包括系统功能和人机功能分配两部分，前者需要把系统要实现的目标及实现这些目标所需要的全部功能列举出来，后者需要确定系统中哪些功能由人完成、哪些由机器完成。

2）系统流程设计：系统中哪些流程是冗余的？哪些可以优化？如何设计才能提升使用者的效率？任务分析可以帮助我们设计更好的系统流程，例如，在设计自助取款机的流程时，当用户输入密码和金额之后，到底先吐钱还是先吐卡？如果先吐钱，有时候用户急急忙忙拿到钱就走了，忘记取卡。有的取款机则先吐卡再吐钱，从流程上避免了上述问题。

3）界面设计：任务模型可以用于确定任务的信息与功能需求，以及功能的最佳布局。

4）用户支持系统设计：用户支持系统包括以书面、网站、视频等形式呈现的说明书和教学训练教程。当用户无法自行完成任务的时候，就需要借助帮助文档等支持系统，但是如果用户通过查阅支持系统，仍然不知道如何操作的话，那就是支持系统的问题。原因可能在于支持系统不够完整，或者支持系统的内容太多，用户无法准确找到问题的答案，这些都是可以通过任务分析避免的。

在产品设计早期就要进行任务分析，最好是在交互设计师画交互稿之前就要进行任务分析，因为任务分析可以帮助我们逐步明确产品设计。

5.3.4 任务分析的步骤

任务分析的第一步是信息收集，主要通过用户访谈、用户日志、观察等手段获取用户完成目标所需要的任务。接着，我们需要对任务进行分析，绘制任务流程图。常用的任务分析流程有两类：层次任务分析（Hierarchical Task Analysis）和认知任务分析（Cognitive Task Analysis）。

1. 层次任务分析

如图 5-3 所示，层次任务分析主要是将一个大任务分解为若干个子任务，是对操作流程的拆解，这也是最经常使用的任务分析方法。

2. 认知任务分析

与层次任务分析仅关注外在的操作任务不同，认知任务分析更关注用户完成任务过程中内在的心理活动，包括用户的决策机制、解决问题能力，以及用户的记忆、注意和判断过程。所以认知任务分析比较适合需要较多用户思考、判断和记忆的复杂任务和活动，如驾驶飞机。认知任务分析的应用领域比较广泛，包括航空航天、人因工程、医疗、教育等。

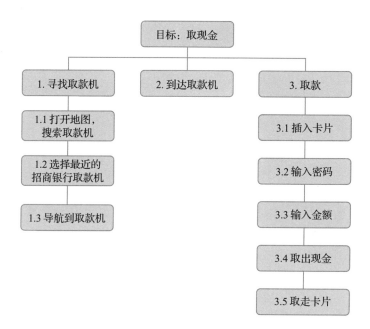

图 5-3　层次任务分析示例

　　在我们日常的用户体验工作中，认知任务分析有哪些应用呢？认知任务分析通过分析用户的心理认知活动，能帮助我们更好地设计界面、布局内容。另外，当我们的产品需要提供帮助文档以辅助安装或者使用时，认知任务分析可以更好地指导我们写帮助文档，从而更好地帮助用户快速完成任务。

　　有的情况下，任务分析的对象是某个领域内的专家，目的是通过任务分析发掘专家在任务操作过程中用到的"专家知识"，以更好地指导新手用户快速掌握。为什么"专家知识"还需要通过任务分析去挖掘呢？直接把专家的经验讲出来不就可以了吗？研究表明，专家的很多操作行为都已经变成自动化的"肌肉记忆"，这部分他们没有意识到的"专家知识"是讲不出来的，需要我们通过访谈引导他们把精髓讲出来。大家去驾校跟教练学习驾驶技术，可能感触更深一些。驾校的教练在驾车技术方面都称得上是专家，但是却不一定都能教好学员，原因在于教练很难把自己的专业知识传递给学员。如果根据驾考内容对教练做一个认知任务分析，从他们的操作过程中发现"知识"，再让学员掌握这些"知识"，可能教学效果会好很多。

认知任务分析的具体实施方法有 100 多种（Cooke，1994），每一种分析方法的适用场景、操作流程、步骤都不尽相同，这里不再一一展开，只讲一下大的分类方法。

1）观察和访谈：在自然状态下观察专家操作，并对他们进行访谈。这种观察和访谈方法跟第 3 章中讲到的方法是相同的。

2）过程追溯：使用这种方法时，需要专家完成一个具体的任务，且做任务的过程中需要专家利用出声思维（think aloud）说出自己的思路与想法，我们则需要记录专家解决某个问题或执行某个操作的过程及过程中的他的所思所想，进而获取专家的"专业知识"。其实这跟可用性测试有点像，不过这里的重点并不是关注参与者是否完成了任务或者完成任务过程中发现的问题，而是关注专家在完成任务过程中的思考方式，从而更好地掌握专家知识，更快达到专家水平。

3）卡片分类：通过请专家进行卡片分类或者概念地图任务等，产出结构化的、互相关联的概念之间的层次关系。

以上方法与我们做普通用户研究的方法是一致的，不过这里的研究对象是专家用户，我们使用上述方法的目的就是向专家学习，理解他们的思考逻辑和方法论。

　　说句题外话，这些方法在教育领域也有启发作用。为什么有的学生成绩好、学得快？他们有什么秘籍和方法？这些成绩好的学生在学习方法和思路上有无可借鉴的地方？如果我们找一批成绩好的学生，系统挖掘这些内容，对提升学习成绩不够好的学生的学习能力也是有指导意义的。

| 第二篇 |

用户研究赋能产品开发

产品是企业向用户传递价值的主要载体，很多企业经营活动都是围绕产品进行的。在产品开发过程中，要经过一系列的产品决策落地才能成就最后的产品，而在这些决策中又需要用户数据的支撑。围绕产品的全流程开展用户研究，能确保产品中的重大决策满足用户需求，让产品更贴近用户。本篇主要回答以下问题：

1）产品开发之前如何定位和研究目标人群？如何挖掘和确立用户需求？这个阶段的用户研究主要服务于产品定义。

2）产品开发过程中，如何获取用户洞察，以支撑我们的设计、定价、营销、包装等决策过程？这个阶段的用户研究主要服务于产品开发过程的迭代。

3）产品上市后，用户的评价如何？下一代产品能从中得到什么启发？这个阶段的用户研究主要服务于产品复盘和反思，为下一阶段的产品开发提供输入。

概括一下，本篇所讲的用户研究主要回答两个根本的问题：做什么和如何做。上述第 1 点和第 3 点回答的是产品要做什么的问题，而第 2 点回答的是产品如何做的问题。很多企业对第二阶段的测试研究意识已经建立起来了，每当研发出一款产品或者推出一个新设计时会找用户测试一下，但是对于需求的研究则重视不足。测试只能在既有产品的基础上进行优化，而在前期的需求挖掘和机会点识别上，用户研究可以发挥更大的作用。

|第6章| C H A P T E R

产品开发前的用户研究

产品开发前的用户研究，目的是在产品定义的时候就考虑到
目标用户及其需求，从一开始就进入用户视角，以规避产品上市
后不受市场欢迎的风险。

6.1 人群细分与目标人群选择

无论从头开始做一款新产品，还是迭代旧产品，都绕不开一
个问题：产品的目标用户是谁？要回答这个问题，需要进行用户
人群定位和人群划分。

6.1.1 为什么需要进行人群细分

前文提过，苏杰在《人人都是产品经理：写给产品新人》一书中写道："试图满足所有用户的需求是一个灾难，那会让产品变成一个臃肿不堪、谁都不满意的四不像。"Allen Cooper 在《About Face 4：交互设计精髓》一书中也形象地举了一个用户选购汽车的例子：有的人想要速度快而有趣味的敞篷跑车，有的人想要安全舒适的商务车，有的人想要性能可靠、拉货多的小货车。用一款车型同时满足这三类人的需求，不仅从实现层面上来说不太可能，而且即使做出来了，这三类人也都不会买账。所以，当我们试图通过一个产品满足所有用户需求时，很可能谁的需求都满足不了。

但是现实中很多产品是老少皆宜、各类用户都在使用的，像微信 App、苹果手机、小米手机等都是这样的产品。乍看上去它们好像没有进行人群细分，但这仅仅是我们今天看到的结果。如果回到产品发展早期，它们一般都是先打动了一小部分人群，然后才逐步扩散到更大规模的人群。像微信 App，在它诞生之初的 2011 年，中国智能机的渗透率还不到 30%，当年 3G 手机用户数仅 1.28 亿，微信 App 的早期用户注定只能是 3G 和智能机用户中的一部分。小米手机的早期用户是手机发烧友，后来才逐步被普通大众使用。2008 年，iPhone 刚上市的第二年，市场份额仅占 1%，经调查当时苹果手机用户多为年轻的成功男士，他们的收入更高，且有 43% 的苹果手机用户分布在加利福尼亚州和纽约州等科技强州。所以，不管是我们刻意为之的还是自然形成的，产品一开始的受众群体较小，这是客观事实。如果不能服务好最初的这部分细分人群，那么也不可能变成人人都喜欢的大众产品。

为了扩大自己的用户群，很多企业会推出多个产品系列以满足不同用户的需求。像早期的 iPhone 每年只有一款新品，最多在配色和容量大小上有所差别，iPhone 5S 之前的产品都是这样。从 iPhone 6 开始出现了 iPhone 6 和 iPhone 6 Plus 两个系列，以便喜欢不同屏幕大小的用户可以买到适合自己的产品。最近几年，我们明显看到 iPhone 产品线在不断扩张，现在一般有四个常规系列，即 Pro Max 系列（如 iPhone 15 Pro Max）、Pro 系列（如 iPhone 15 Pro）、标准版系列（如 iPhone 15）、Plus 系列（如 iPhone 15 Plus），还会不定期发布 SE 系列。可见如苹果这样强大的公司，也在不断通过引入更多产品系列，满足不同用户的需求。通过多个产品系列来扩展用户群，虽然每个产品只能满足一部分用户的需求，但是多个产品组合起来，可以满足大部分用户的需求。通过布局不同系列的产品，实现从单一人群扩展到多个人群的目标，是很多品牌的成功路径。

既然我们在做任何一个产品时，在起步阶段，均只能满足一部分用户的需求，那么，我们究竟要先满足哪部分用户的需求呢？这是每个产品在立项之初都必须要回答的问题。那么，到底是先有一个大致的想法再去找目标用户，还是先瞄准一部分目标用户，再去看做什么样的产品以满足他们的需求呢？其实两种情况都有，我们可以不必纠结于两者的先后关系，因为最终要实现的都是"用户 – 产品"的匹配。

6.1.2　用户分类的主要思路

用户研究中人群分类一般是定量和定性研究相结合进行的。定量研究主要通过聚类分析、回归分析、判别分析、决策树分析等方法将人群分成若干类。而定性研究则通过对每一类人群的深度访谈等形式将人群信息细化。定量研究勾勒人群"框架"，定性研究则将每类人群细化，变得"有血有肉"。

用户分类遵循一个基本原则：类别内的用户尽量相似，不同类别之间的用户差异很大。为了实现这个目标，分类的维度有很多种，主要取决于我们看问题的角度，角度不同，分类结果也大不相同。举个形象点的例子，对于我们生活的地球，我们可以按照纬度分为高纬度、中纬度和低纬度地区，也可以按照经度分为东半球和西半球，还可以按照经济发展水平将全球国家分为发达国家和发展中国家。三者都是科学的分类方式，但是适用场景不同。当讨论温度、植被、光照强度等问题时，采用纬度划分更合理。当讨论时区时，需要采用经度划分。当讨论医疗、收入等问题时则应该采用经济发展水平划分。人群划分也一样，同样一群人，采用不同的视角，划分结果可能完全不同。

常见的用户划分依据主要有以下几种。

1）按照用户基本属性来划分：主要根据人口统计学信息，如性别、年龄、地域、收入等因素划分用户。好处在于易于理解，比较直观。但是也受到不少质疑：同样年龄段、同样地域、同样收入的用户的需求可能千差万别，言外之意，这种分类方法无法有效区分用户需求。

2）按照用户心理来划分：如用户的价值观、消费观等，使用这种方法划分用户的理论依据在于用户的价值观和消费观是比较稳定的，而且可以影响用户的消费行为与消费决策。这种方法的局限性在于仅可以在调研样本中进行分析，而我们可能只调研了几千个用户，但是有的企业想了解几千万、上亿用户，到底可以分为几类？如何分门别类地开展相应的运营活动？这时此分类方法就没办法满足实际的需求了，因为我们不可能调研所有用户。这种方法一般只能在调研结果中进行，很难对应到后台数据中对用户进行划分。

3）按照用户行为来划分：如某一个 App 把用户划分为高频、低频使用用户，或者按照用户使用的产品功能来划分，例如某类人群使用娱乐功能较多，某类人群使用办公功能较多，某类人群喜欢拍照等。不同的用户行为对应着不同的产品侧重点。很多企业通过记录用户的大量行为数据对用户进行划分，以帮助业务分门别类地对用户进行精细化运营。

4）按照用户需求来划分：在商业环境中，我们最终是要通过分类解决不同用户的问题，向他们输出不同的产品价值。这种分类法最接近产品规划，也最容易在公司内部推广实施。例如，针对同一款 Pad 产品，有的用户关注办公需求，有的用户关注影音娱乐需求，有的则是为了给孩子上网课使用。这些不同的需求对应产品的不同功能点，也可以成为用户划分的依据。

5）按照使用场景来划分：有时候即使同一个用户使用同一类产品，在不同的场景下也会有不同的需求，此时利用场景来进行划分更科学。例如，同样是喝咖啡，当人们希望跟朋友、同事交流沟通时，会选择去宽敞舒适的咖啡店；但是当人们吃完午饭想用咖啡提神以提升工作效率的时候，可能更倾向于在路边买一杯带回工位慢慢喝。像护肤品、餐饮等行业，都会存在场景不同、需求也不同的情况，这时候就需要考虑以使用场景作为需求划分的维度。

6）其他划分方法：以上 5 种常规划分方法并不能覆盖所有情况，用户划分的方法是灵活多变的。例如《峰值体验》一书中举了一个卖羊奶粉的企业如何通过细分市场赢得业务增长的案例。众所周知，羊奶粉相对于牛奶粉，是绝对的小众产品。一般家庭都会首选给小孩喝牛奶粉。如果羊奶粉的厂家也像牛奶粉大牌厂家那样做广告铺渠道，是很难竞争过它们的。但是该羊奶粉厂家敏锐地观察到：有一部分小孩对牛奶有过敏反应，且容易便秘，给家长造成了巨大困扰。该羊奶粉厂家根据这些现状，将营销推广活动重点放在母婴店这个渠道，通过导购的推荐，给不习惯喝牛奶粉的宝宝的家长推荐羊奶粉，而且会先让家长买小罐装的回家试一下。在确认宝宝没有过敏反应后，羊奶粉获得了家长的认可，购买羊奶粉的家庭也越来越多。通过这样的方式，该羊奶粉厂家打开了市场。在这个案例中，我们看到商家是通过用户在使用竞品时的痛点，切入细分用户市场，再辅以合适的渠道来推广产品的。

采用什么方法来划分用户，需要我们在做人群划分之前就考虑清楚，这样才能策划出更好的调研方案。例如，我们要按照用户心理进行划分，就需要在调研问卷中加入用户价值观相关的问题，否则后续无法按照这种维度进行分类。

6.1.3　用户分类步骤

要进行用户分类，首先需要确定好分类目标，然后进行调研和数据分析，在此基础上选择目标人群，再对目标人群进行深入研究。具体来说，包括以下几步。

1. 搞清楚分类目的以及分类范围

分类目的决定我们采取什么样的方法进行分类，本篇的主题是用户研究赋能产品开发，所以我们的分类目标是按照用户需求进行分类。但是如果是营销部门做人群细分，那么可能需要根据用户的触媒习惯、购物决策特点进行划分。

用户分类的范围是早期要考虑的问题，我们是对自己产品已有的用户进行分类，还是对市场上使用我们产品和竞品的用户进行分类，抑或对全国 14 亿人口进行分类？这三个研究范围完全不同。如果只对自己已有的用户进行分类可能会限制我们的视野，假设我们的用户男女比例是 8∶2，而整个市场用户男女比例各一半，这样的研究结论就不可避免有所偏颇。如果针对全国用户进行分类，除非我们的这个品类渗透率已经接近 100% 或者必将接近 100%，又或者有意去拓展新市场、新用户，否则意义也不大。所以比较常见的分类范围是定在中间，即使用我们产品的用户 + 使用竞品的用户，这代表了我们这类产品覆盖的存量用户。

2. 定量数据收集

可以根据分类目的和视角编制问卷，收集用户数据。假设我们希望通过用户的消费观进行分类，就需要在问卷中着重针对消费观设计问题。编制问卷的基本原则可以参考第 3 章的问卷部分内容，这里不再赘述。

3. 进行数据分析

在数据分析阶段，主要的分析方法包括：聚类分析、决策树分析、对应分析、回归分析等。每一种分析方法的具体步骤和软件操作在这里不做展开，感兴趣的读者可以阅读相关书籍。通过定量数据分析，我们把人群进行分类，得出如表 6-1 所示的分类结果，当然这里是简化的分类结果，实际的人群分类中的数据和维度比这里展示的要丰富得多。

表 6-1　手机人群分类结果

	人群名称		
	人群 1	人群 2	人群 3
人群特点	以三四线城市用户为主 女性用户较多	以四五线城市用户为主，男女性别差别不大	以一二线城市为主，男性用户较多
产品购买特点	喜欢线下购买，容易被耳机赠品等吸引	喜欢线下购买，对配置关注度相对低	购买前喜欢看测评，看中流畅性
产品使用特点	拍照、视频等功能使用相对较多	看视频、浏览资讯类 App 相对较多	玩游戏相对较多
目前使用的手机	品牌 A：25% 品牌 B：57% 品牌 C：14% 其他：4%	品牌 A：53% 品牌 B：29% 品牌 C：11% 其他：7%	品牌 A：23% 品牌 B：32% 品牌 C：44% 其他：1%
人群规模	约 1.5 亿	约 2 亿	约 0.5 亿

4. 选择目标人群

将用户分好类之后，我们要选择到底为哪一类或者哪几类人群做产品。这需要用户研究人员与业务人员一起讨论决定，选择时有以下几个可供参考的思考维度。

- 人群规模：一般来说，人群规模越大越好，毕竟人群规模大意味着市场更大。
- 人群与品牌的匹配度：人群中多少比例的用户对我们的品牌有好感或者不排斥？他们正在使用什么产品？我们有机会争取他们使用我们的产品吗？
- 人群需求与公司能力的匹配度：这部分人最主要的需求是什么？我们是否有能力满足他们的主要需求？是不是我们的强项？
- 人群辐射能力：这部分人是否可以带动周边人使用我们的产品？
- 人群潜力：这部分人的长期消费潜力是不是够大？有的企业不想重点拓展低端市场和人群的原因，就是认为这部分人群的潜力不够大。

5. 进行定性研究

对选定的人群进行定性研究，进一步深入了解人群，为产品规划、研发、营销等做更加细致的输入。

当然以上是比较规范的人群细分方法。在实际工作中，人群细分更多是一种思维方式，重点在于树立目标用户的概念，也就是我们的产品到底要匹配哪部分用户，以帮助业务更好地拓展市场。如果我们从这个目的出发，就不一定要严格按照上面的方法进行人群分类。有的时候仅凭简单调研也可以对用户进行有效划分，同样可以对业务起到很大的指导作用。例如，《需求》一书中有一个案例，一个美国交响乐团想了解用户为什么不喜欢去现场听音乐会。该交响乐团先按照顾客对音乐会的感兴趣程度将用户划分为核心听众（音乐厅的注册会员，每年都会听很多场音乐会）、尝试听众（第一次来音乐厅且只看过一场演出）等 6 类客户，发现核心用户只占 26%，却购买了 56% 的票，而尝试听众占 37%，仅购买了 11% 的票，尝试听众的流失率超过 90%。所以抓住尝试听众这部分用户是扩大音乐会用户群体的关键。那么，如何增加这些听众的到访频率呢？经过一系列分析，该交响乐团发现最主要的问题并不在音乐会本身，而是出在了停车位上。尝试听众本身对交响乐的兴趣没有核心听众那么强烈，停车不方便足以导致他们不再继续造访。在这个案例中，该交响乐团从头到尾都没有用到很复杂的人群分类算法，而是通过洞察，找到问题、解决问题，有效地拓展目标用户群。

6.2　目标用户洞察

当产品的定位和目标人群确定之后，接下来需要对所圈定的人群进行研究。这种只针对目标用户的研究可以将研究范围大大缩小，更加聚焦，进而让我们对接下来的产品规划提供更精细的输入。这类研究的主要目的是确定产品的基调、需求、主要卖点或者创新点。

6.2.1　如何对目标用户进行洞察

对目标人群的研究形式可以是定性访谈，也可以是定量研究，时间和经费充足的话，也可以两者结合起来一起做。如果我们对用户和产品品类的了解非常有限，可以先从定性研究开始做。如果我们对用户和产品已经有一定了解，只是还有些问题需要进行验证，可以通过定量研究去做。

在目标用户研究中，目标用户的选择和筛选、用户配额是非常重要的。我们需要根据选定的目标用户设置用户筛选条件与用户配额，这里如果拿捏不准，可以跟业务方多沟通，达成共识。然后按照这样的条件招募用户，以保证被调研的用户是符合需求的。用户筛选条件与用户配额示例可以参考表 6-2。注意，我们不管是做定量调研还是定性调研，都需要先把筛选相关的题目放在前面，保证只有符合条件的用户才能够参与调研。

表 6-2　低端扫地机器人项目用户筛选条件和用户配额示例

用户筛选条件	1）扫地机器人购买决策者 2）非敏感行业（广告、电子产品、咨询、调研） 3）购买扫地机器人价格在 1500 元以上
用户配额	1）城市级别配额：一线城市 25%，二线城市 25%，三线城市 20%，四线城市及以下 30% 2）年龄配额：30 岁以下 25%，30 ～ 40 岁 40%，40 岁以上 35% 3）性别配额：男性 60%，女性 40%

用户筛选条件和用户配额设置完成后，接下来是主体调研部分。产品形态不同，研究内容也会有所差别。一般来说，目标用户洞察主要包含以下内容：

1）用户的基本信息与观念，如年龄、性别、收入、职业等基本信息，以及用户家庭情况、价值观、消费观等，这些内容主要用于对用户建立基本了解。我们可以根据研究的基本内容做一些增删。如果想要调研家电类产品的用户，那么用户的基本家庭情况就比较重要，因为家电通常是一家人使用。如果是调研手机、服饰等个人类产品，则可以不用问用户的家庭成员情况。

2）用户对产品的了解、对比、购买／下载／注册等全流程行为、观点与心智。这部分内容主要聚焦于用户是如何被产品所吸引的，他们为什么购买／下载 A 而没有选择其他，他们的决策过程有何特点。这些洞察主要服务于产品营销、品牌、渠道等业务方。

3）用户对产品的使用情况，如使用场景、使用动机、使用爽点与痛点。这部分内容主要服务于产品经理、开发人员、设计师等业务方。

4）其他感兴趣的内容。这部分主要是根据我们跟业务的沟通，以及我们自己对业务的理解，判断还需要研究哪些问题。

6.2.2　洞察的输出内容

目标人群研究的成果是多方面的，我们主要给业务方输入如下几方面的内容。

1）用户人物角色：通过我们的研究，把目标用户进一步明确为人物角色。有关人物角色的创建我们在 5.1 节中已经做了详细的说明，这里不再赘述。

2）用户在产品购买／注册过程中的典型行为与观点，以及用户在产品使用过程中的特点。这部分是最主要的内容。通过这些内容，我们洞察出目标用户的主要偏好、需求、痛点、心智模型。例如，如果我们的目标用户是使用 Pad 类产品辅助小孩教育的用户，那么他们可能会非常在意屏幕是否有护眼功能。这就是典型的目标用户差异化需求。

3）对业务的启发。这部分要回答的问题是：做完用户洞察之后，对我们的业务有哪些启发，应该采取哪些行动。

4）业务创新点。通过用户研究，我们了解了非常多的用户想法、观点，以及产品使用场景、痛点和爽点，可以基于这些内容输出一些创新点，这也是衡量用户研究是否成功的指标之一。基于用户洞察和业务需求，通过工作坊、头脑风暴等方式，联合业务方，甚至创意用户[⊖]等，帮我们产生一些好的想法与概念。在整个过程中，用户研究人员主要起到引导产生创意的作用。创意一定不是自动产生的，而是需要我们基于用户洞察、业务需求，不断思考碰撞而产生的。

6.3 概念测试：用户对什么样的创新方案更感兴趣

基于前面的用户洞察和业务需求，我们产生了一些产品方案和概念，如何判断哪些要做哪些不做？或者说应该怎么排优先级？这个问题之所以重要，一方面是因为企业的人力、物力和财力有限，无法实现所有想法；另一方面是因为产品是需要有侧重点的，难以面面俱到、满足所有需求、适用所有场景，否则整个

⊖ 创意用户是指愿意尝试新生事物，购买新产品，有一定自我表达能力和意愿的用户。

产品将变得非常复杂臃肿。

这时候我们需要通过概念测试来决定概念是否需要开发以及哪些概念要优先开发。概念测试是一个将众多概念不断收窄、聚焦的过程。概念测试的常用思路有两种，如图 6-1 所示。一种是通过让用户对每个概念进行分类（分为有兴趣购买、没兴趣购买、不确定），再让用户对有兴趣的概念进行排序，来判断用户对概念的喜好程度，这里简称为概念分类法。另一种是针对每个概念让用户分别对"有这个功能"和"没有这个功能"的态度进行选择，通常有 5 个选项：我喜欢这样，必须要这样，我无所谓，我能够忍受，我不喜欢这样。这种方法也被称作卡诺（KANO）测试法。

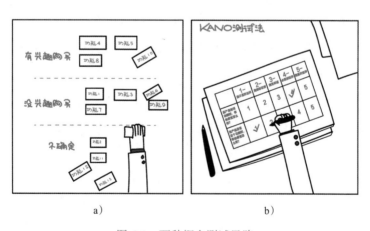

a)   b)

图 6-1　两种概念测试思路

6.3.1　概念分类法

概念分类法的基本步骤如下。

第一步，测试概念接受度。将每一个概念做成一张卡片，让用户对每一个概念进行归类：一类是"有兴趣购买 / 使用"的，一类是"没有兴趣购买 / 使用"的，一类是"说不清 / 不确定"的。

第二步，对接受的概念进行排序。让用户从"有兴趣购买 / 使用"的一类中，选出最有兴趣、第二有兴趣和第三有兴趣购买 / 使用的概念。

第三步，测试概念的独特性和可信度。针对第二步中最有兴趣、第二有兴趣和第三有兴趣购买 / 使用的概念继续询问：这个概念卡想告诉你什么？概念中的产品是否独特？独特在哪里？概念是否可信，如果不可信，为什么？这里可以把定量和定性数据结合起来分析。通过用户认为是否独特、是否可信这样的数据可以定量得出用户认为概念独特和可信的百分比。而用户回答的原因，则可以作为定性数据，这样我们获取的资料会更加丰富。

可以通过以下指标来评估概念。

1）概念接受度：将概念放置到"有兴趣购买 / 使用"这一类的用户百分比，也就是表 6-3 中 a 列的数值。

2）概念的吸引力：有两种计算方法，一种是这个概念被用户放到最有兴趣、第二有兴趣、第三有兴趣购买 / 使用的百分比之和，就是表 6-3 中 b、c、d 三列的百分比之和，也即 e 列对应的数值；另一种是先根据用户最有兴趣、第二有兴趣和第三有兴趣的情况进行加权（最有兴趣权重为 3，第二有兴趣权重为 2，第三有兴趣权重为 1），然后加总之后再除以 3，也就是表 6-3 中

f 列的数值。

3）概念独特性占比：认为概念非常独特 / 较独特的用户百分比，也就是表 6-3 中 g 列的数值。

4）概念可信度占比：认为概念很可信 / 比较可信的用户百分比，也就是表 6-3 中 h 列的数值。

表 6-3　概念测试统计方法

概念	概念接受度（a）	最有兴趣（b）	第二有兴趣（c）	第三有兴趣（d）	前三名累计（e）	加权平均（f）	概念独特性占比（g）	概念可信度占比（h）
概念 1	35%	29%	16%	26%	71%	48%	56%	73%
概念 2	65%	18%	27%	43%	88%	50%	39%	61%
概念 3	56%	14%	31%	23%	68%	42%	44%	58%
概念 4	34%	17%	22%	37%	76%	44%	70%	49%
概念 5	40%	24%	20%	19%	63%	44%	48%	59%
概念 6	38%	10%	18%	35%	63%	34%	75%	73%
概念 7	70%	36%	34%	16%	86%	64%	56%	67%

至于我们该选择哪些概念去开发，可以参考上述几个维度，例如根据概念吸引力和接受度画出 4 个象限，优先选择高吸引力和高接受度的概念。或者根据概念吸引力和概念独特性画出 4 个象限，选择高吸引力和高独特性的概念。

6.3.2　卡诺测试法

卡诺测试法是通过了解用户对某个功能"有"和"无"正反两方面的反馈，来决定产品功能优先级的。具体来说，用户需要分别回答产品有以及没有某个功能时他的具体感受如何，从"我不喜欢这样""我能够忍受""我无所谓""必须要这样""我喜欢这样"这五种感受中选择一种。根据用户反馈进行数据统计，将功能分为 5 类：魅力属性、期望属性、必备属性、无差异属性和反向属性。

如何理解这 5 类属性呢？我们以苹果手机近些年的功能规划来举例说明。

魅力属性像是带给用户的一种惊喜，当产品没有这个功能时，用户不觉得有什么，但是加上这个功能用户就很喜欢。如苹果在 iPhone 14 Pro 上发布的灵动岛功能，让"刘海屏"更加生动活泼。

期望属性，简单理解就是没有这个功能时不满意，有这个功能时满意。例如在苹果手机没有提供用户隐私安全方面的功能时，用户不满意，在苹果手机不断完善隐私安全功能（如有 App 调用摄像头时，手机状态栏会显示绿色指示灯，有强提示）后，用户逐渐满意。

必备属性是指没有这个功能用户会不满意，有了之后会觉得理所应当。例如，前些年很多用户吐槽苹果手机没有双卡功能，引入这个功能后用户会觉得总算补齐短板了。

无差异属性是指有或者没有这个功能用户都觉得无所谓。例如，苹果的 Apple Pay 对很多中国用户来说就是这样的功能，因为已经有支付宝、微信支付等功能满足用户的支付需求。

反向属性就是做了还不如不做，也就是画蛇添足类的功能，有这个功能的时候用户是不满意的，没有的时候用户是满意的。

这种功能是需要尽快去掉的。

卡诺测试法如何实施落地呢？接下来将从数据收集和数据分析两个角度介绍它的使用方法。

当我们选好要测试的概念和功能后，首先设计问卷，问用户在某功能有和没有这两种情况下的感受。如果功能描述都很清楚，可以通过网络问卷收集数据，但是如果预计用户对功能会有一些疑问，最好进行现场调研，以便在用户有问题时及时解答，因为在用户充分理解概念和功能的基础上收集来的数据会更加可信。问卷中的问题和样式，可以参考如表 6-4 所示的题干和选项设计。卡诺测试是一种定量研究，需要使用较大样本量，至少要100 以上。

表 6-4　卡诺模型问卷示例

下列是一些产品的功能描述，请你分别选择产品有这个功能和没有这个功能时的态度。					
功能描述		1- 我不喜欢这样	2- 我能够忍受	3- 我无所谓	4- 必须要这样	5- 我喜欢这样
功能 1 描述	当产品有该功能时，你会感觉怎么样?	1	2	3	4	5
	当产品没有这个功能时，你会感觉怎么样	1	2	3	4	5
功能 2 描述	当产品有该功能时，你会感觉怎么样?	1	2	3	4	5
	当产品没有这个功能时，你会感觉怎么样	1	2	3	4	5

通过问卷收集好数据之后，接下来是数据统计过程，一般遵循以下几步。

第一步，如表 6-5 所示，统计每个功能在魅力属性（Attractive Quality，标为 A 的部分）、期望属性（One-dimensional Quality，标为 O 的部分）、必备属性（Must-be Quality，标为 M 的部分）、无差异属性（Indifferent Quality，标为 I 的部分）和反向属性（Reverse Quality，标为 R 的部分）五个属性上的原始数据。还有一部分需要注意：可疑结果（Questionable，标为 Q 的部分），一般用于标记用户没有认真回答的数据，如用户的回答是互相矛盾的。

表 6-5 卡诺模型原始数据统计方法

		如果产品不具备 A 功能，你的感觉是什么？				
		我很喜欢这样	必须要这样	无所谓	我能够忍受	我不喜欢这样
如果产品具备 A 功能，你的感觉是什么？	我很喜欢这样	Q（%）	A（%）	A（%）	A（%）	O（%）
	必须要这样	R（%）	I（%）	I（%）	I（%）	M（%）
	无所谓	R（%）	I（%）	I（%）	I（%）	M（%）
	我能够忍受	R（%）	I（%）	I（%）	I（%）	M（%）
	我不喜欢这样	R（%）	R（%）	R（%）	R（%）	Q（%）

第二步，根据原始数据计算出每个格子对应的用户百分比。计算百分比时，分子是落在每个格子中的人数，分母是所有用户

数。实际上每个功能都会有一个 5×5 的矩阵，一共 25 个格子，这里统计的是每个格子里的用户比例。

第三步，计算出每一个功能的 5 类属性值。注意，这里的属性值是在表 6-5 的基础上同类别加总得出来的，例如魅力属性 A 有 3 个格子，则将这三个格子的百分比数据相加。

第四步，计算 Better 值和 Worse 值，计算公式如下：

$$Better 值 = (A+O)/(A+O+M+I)$$
$$Worse 值 = -1 \times (O+M)/(A+O+M+I)$$

Better 值大致可以理解为增加这个功能所带来的好处。同样的，Worse 值则是没有这个功能带来的坏处，公式里加了一个负号代表是负向的，通常画图的时候用绝对值。表 6-6 中最后两列就是各个功能的 Better 值和 Worse 值。

表 6-6　各个功能的 Better 值和 Worse 值

功能	魅力属性 A	期望属性 O	必备属性 M	无差异属性 I	可疑结果 Q	Better 值	Worse 值
功能 1	19%	19%	38%	19%	5%	40%	−60%
功能 2	11%	17%	26%	42%	4%	29%	−45%
功能 3	22%	42%	22%	12%	2%	65%	−65%
功能 4	32%	33%	28%	4%	3%	67%	−63%
功能 5	40%	33%	11%	11%	5%	77%	−46%

第五步，将每个功能的 Better-Worse 值画成散点图，如图 6-2 所示。

由图 6-2 可知，分析图分成四个象限，每个象限的含义如下。

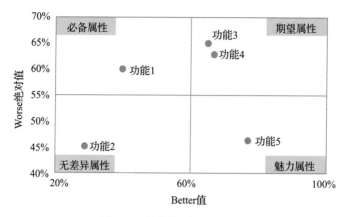

图 6-2　卡诺模型结果分析图

第一象限表示期望属性的功能：对应 Better 值高，Worse 绝对值也高的情况。落入这一象限的是功能 3 和功能 4，表示当产品支持这两个功能时，用户满意度会提升，当不支持这两个功能时，用户满意度会降低。

第二象限表示必备属性的功能：对应 Better 值低，Worse 绝对值高的情况。落入这一象限的是功能 1，表示当产品支持此功能时，用户满意度不会提升，当不支持此功能时，用户满意度会大幅降低。说明落入此象限的功能是最基本的功能，这些功能是用户认为我们必须提供的功能。

第三象限表示无差异属性的功能：对应 Better 值低，Worse 绝对值也低的情况。落入这一象限的是功能 2，表示无论我们是否支持这个功能，用户满意度都不会改变，这是用户并不在意的功能。

第四象限表示魅力属性的功能：对应 Better 值高，Worse 绝对值低的情况。落入这一象限的是功能 5，表示当产品不支持此功能时，用户满意度不会降低，但当产品支持此功能时，用户满意度会提升。

在进行产品开发时，大的原则是按照这样的顺序开发：必备属性、期望属性、魅力属性、无差异属性。当然，这只是一般性原则，也要考虑产品的实际情况。例如，期望属性和魅力属性是可以戳中用户的爽点或痒点的，在产品同质化比较严重的时候，可以把期望属性和魅力属性包装为产品的卖点，优先进行开发。

典型的卡诺测试主要是看功能有或者无时用户的反馈，实际上我们也可以借鉴卡诺测试的思维方式，看功能做得好或者不好时用户满意度的差异，进而帮助我们了解应该把精力放到哪些功能的开发上，如表 6-7 所示。当我们的产品上市后，也可以利用卡诺测试的思路和方式来对已经上线的功能进行评测。

表 6-7　卡诺测试的其他用途

属性	功能做得好时	功能做得不好时	示例
魅力属性	满意度提升	满意度不会降低	手机的记事本功能做得好时用户喜欢用，满意度提升。做得不好时用户就自己下载其他好用的软件
期望属性	满意度提升	满意度下降	手机的拍照功能做得越好，用户越满意
必备属性	满意度不会提升	满意度下降	手机的通话效果好用户觉得理所应当（不会提升满意度），但是效果不好时用户满意度下降
无差异属性	无所谓	无所谓	手机的手电筒功能做多做少都无所谓，只要在黑暗情况下能照明即可
反向属性	满意度下降	满意度提升	手机默认预装一些用户不喜欢的 App，对很多用户来说还不如不预装

　　不管概念分类法，还是卡诺测试法，都是从用户视角测试获取的优先级结果，但是做开发、推产品，都需要投入资源，而且产品上市也有时间、成本上的限制，这些都会成为概念实现的约束条件。所以，最终要怎么选择，还需要跟业务方共同确定，一般需要研发人员、市场营销人员、产品经理，甚至老板进行综合评判以决定后续的开发优先级。

6.4　联合分析：用户是如何根据产品配置选购产品的

　　人们在购买商品的时候会综合考虑多个因素，比如人们在买房的时候，一般会考虑地段、面积、周围环境等各种因素。在购买预算确定的情况下，如果你把地段作为首要考虑因素，选了一个好地段，但是面积小一些、周边环境也一般，在这种情况下，可以说你是为了追求好地段而对面积和周边环境做了妥协。人在大部分情况下的选择都并非十全十美，通常是在综合考虑多种要素并做出一些妥协后得出的决策。例如，用户购买手机时，可能会关注处理器、品牌、价格等配置，但是用户更在意哪些要素？更愿意在哪些要素上进行妥协？愿意妥协多少？这时候联合分析就派上用场了。联合分析充分考虑了多种要素在用户决策中的作用，可以帮助业务方从用户的角度，找到一个可以吸引用户购买的最佳组合。如表 6-8 所示，联合分析通过向用户展示不同的产品，让用户选择自己最喜欢的产品。

　　联合分析的主要步骤如下。

　　第一步，确定哪些属性或者维度是我们关注和重点测量的。

产品的维度可能会有很多，需要跟业务方确认哪些是重要的。还是以手机测量为例，业务方到底在哪里遇到了决策困难点？或者决策在哪些维度上不够清晰？成本到底是花在更好的处理器上还是更好的摄像头上？通过搞清楚以上问题，从业务方的角度总结出他们最需要关注的维度。当然，除了业务方关注的维度，用户关注的维度也需要囊括在测试中。

表 6-8　联合分析测试举例

如下是 4 个手机产品的配置和价格，您最有可能购买哪个产品？				
配置	产品 A	产品 B	产品 C	产品 D
电池容量	4500 毫安时	4800 毫安时	4500 毫安时	5000 毫安时
品牌	苹果	华为	苹果	华为
价格	6500	6500	5000	5000

第二步，确立每个维度的水平。这里的水平，通俗来说，就是维度的取值范围，例如电池容量是一个维度，它的取值有3500毫安时、4000毫安时和5000毫安时，则我们就说电池容量这个维度有三个水平。再如，屏幕尺寸是一个维度，它的取值有5.5寸、6寸、6.5寸，则屏幕尺寸这个维度共三个水平。水平的选择遵循以下原则：一是不同维度之间，水平的数量尽量保持一致，比如每个维度都有 3~4 个水平；二是水平之间的差异需要让用户明确感知到，例如对手机测试时，测试维度会包含价格维度，需要确保不同价位段之间有合理的价差。如果设立 1950 元、2000 元、2050 元这样以 50 元为间隔的价差，用户感知并不明显，所以需要适当拉长间隔，例如 1700 元、2000 元、2300 元。

第三步，所有维度和水平确定之后，进行组合。假设我们选了电池容量、品牌和价格三个维度，每个维度的水平如表 6-9 所示，那么会产生多少个配置组合呢？一共是 3（电池容量 3 个水平）×2（品牌属性 2 个水平）×3（摄像头像素 3 个水平）×3（价格属性 3 个水平）= 54 个，这 54 个配置组合，专业术语称为产品剖面（profile）。

表 6-9　联合分析中的维度与水平举例

维度	水平
电池容量	4500 毫安时、4800 毫安时、5000 毫安时
品牌	苹果、华为
摄像头像素	1200 万、3000 万、4800 万
价格	5500 元、6000 元、6500 元

第四步，将产生的 54 个产品剖面呈现给用户，让用户回答他们对剖面的偏好度。当然如果剖面太多的话（当维度和水平比较多的时候，剖面可能有几百甚至上千个），我们很难做到测试每个剖面，则需要从中挑选一批剖面进行测试。SPSS 中的正交设计（Othogonal Design）可以帮助我们选出需要测试的剖面。测试时，需要先将不同的剖面做成图片，一般一屏展示 3~4 个剖面，然后让用户对所展示的剖面进行排序（按照喜欢程度对剖面进行排序）、打分（让用户对每个剖面进行打分）、选择（选取一个最喜欢的剖面）。不同剖面之间的核心差异，最好通过不同字体颜色等方式标注出来，方便用户一眼看出。这里的用户样本量建议尽量多于 300。

第五步，数据分析与结论。联合分析的数据分析主要包括两部分：维度的重要性和模拟器。维度的重要性主要帮助我们看清楚哪些维度是用户重点考虑的，哪些维度相对不重要。而利用模拟器，我们可以输入任意配置，计算用户对这个配置的偏好度。例如我们可以输入电池容量为 4800 毫安时、摄像头像素为 3000 万、品牌为华为、价格为 6500 元等参数，计算这个配置下的用户偏好度。

以上第一步和第三步通常是我们需要事先定好的，而第四步和第五步一般通过软件实现。

6.5　最小可行产品测试：我们的想法和创意会不会受用户欢迎

最小可行产品（Minimum Viable Product，MVP），是指一种可供我们测试的新产品初始版本，或者说最小版本，它可以让产品团队花费最小的努力，用最少的精力快速通过 MVP 测试获取真实的用户反馈。MVP 测试就是我们拿 MVP 去找真实用户测试，进而帮助我们验证产品是不是真的受欢迎。MVP 测试本质是一种低成本、高效地获取用户想法，从而帮助我们快速试错的方法与思路。

6.5.1　最小可行产品测试概况

为什么我们必须要做出一款最小可行产品去测试呢？在《产品经理方法论》一书中，乔克·布苏蒂尔（Jock Busuttil）这样写道："人们觉得很难意识到有需求，直到他们有了需求得到满足的经历之后。一旦某个产品特别好地解决了人们的难题，他们将意识到自己不能没有这个产品。"可见如果没有看到或者体验到实物，用户很难知道自己是否需要某种产品。所以当我们要推出一款革命性的或者市场上几乎不存在的产品时，拿出产品来进行测试是有效探索用户需求的重要途径之一。MVP 测试通过及早了解用户的观点和想法，可有效降低创新风险。

MVP 测试可以决定一个产品的命运，决定公司是否要在这个产品上做大量投入。例如，2016 年我在微信支付工作时，当时大的商家像超市等都逐步接入了微信支付，但是业务方面临的痛点是如何拓展更多小微商家使用微信支付。这些小微商家不像大商家那样有自己的收银系统，无法通过收银机外接扫码枪的方式进行微信收款。为了可以让小微商家快速接入微信支付，团队研发了一个外形像计算器一样带通信功能的设备，商家在设备上输入收款金额后，"计算器"屏幕上就会生成对应的二维收款码，待顾客扫码完成付款后，款项会进入商家账户。这个设备的主要目标用户是流动小商贩摊主、小店主等。这就是一个 MVP，功能齐备且可以展示给商家使用。

我们带着这款"计算器"走访了很多小商家，结果发现它们虽然也希望接入微信支付，但对这款设备根本不感兴趣，因为这个设备本身需要购买，它们并没有为了接入微信支付而购买的动力。另外这个设备的通信功能是需要给运营商交钱的，每个月需要 5 元左右，它们也非常在意这部分费用。小商家虽然希望接入微信支付方便收款，但是并不愿意为此付出额外成本。在经过几天时间走访了十几个小商家后，我们把这些调研结论提交给业务方，供他们决策参考。看完调研结论后，业务方立刻终止了"计算器"这个方案。可见，这样一轮简单的调研，就可以避免业务方在没有市场需求的产品上继续做无效投入的情况。

6.5.2　最小可行产品测试实施步骤

1）根据产品的目标用户选取合适的用户进行测试，而不能泛泛地选取用户，只招募符合条件的用户进行测试。

2）欢迎用户，建立关系，先从一些用户的基本信息聊起，建立熟悉感。

3）简要介绍一下我们的原型，注意要用中性词，避免用偏正面的词语，例如，性能强大、界面美观、效果惊艳等，以免无意中对用户形成正面引导。

4）如果产品原型可以使用的话，让用户在原型上操作，以便获取用户的实际上手体验和感受。

5）根据访谈提纲对用户进行访谈，了解用户对 MVP 的观点、使用体验或者购买及使用意愿等。

6.5.3　其他最小可行产品测试方法

前面我们提到的 MVP 测试主要是通过访谈或者调查来实现的，但是其实还有很多其他更加灵活多变的途径或者方法，也可以很好地帮我们测试产品。

1. 通过网页发布产品

产品还没有做出来之前，可以先通过网页发布产品的相关信息。例如 buffer 是一个 ToB 的社交媒体工具，主要用于帮助商家更好地管理和运营官方 twitter 账号。创始人一开始仅仅发布了两个网页，如图 6-3 所示，第一个网页主要讲述其产品功能，第二个网页是注册页面。buffer 就通过这样的简单方式来验证 MVP，测试谁对这个产品感兴趣。再如，Zappos 是一个美国线上买鞋的电商网站，其早期创始人不知道用户会不会在网上买鞋子，于是自己创建了一个电商网站。该网站表面上看是有着完备库存和供应链的电商网站，但是实际上上面的图片都是他自己去鞋店里拍摄的，且早期用户下单时，创始人是自己去鞋店里买下来再发给用户。通过这样原始的方式，创始人检验了自己的想法。

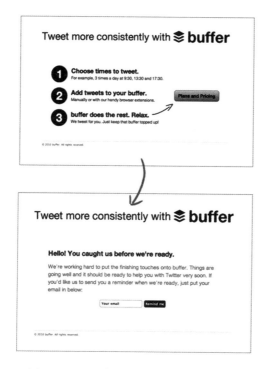

图 6-3　buffer 使用两个网页测试其 MVP

我们在测试某个功能是否有必要上线的时候也可以使用这样先发布再看数据的方式，这可以理解为一个功能的 MVP。苏杰在《人人都是产品经理 2.0》中也列举了一个类似的案例。假设我们要做一个交易系统，要满足买卖双方之间的下单、付款、发货、收货等常规需求，那"退款 / 退货"这种"逆向交易"要不要做呢？如果要做，功能开发量将大幅增加。所以他提出一种低成本验证方法：先在线上做一个假的"退货 / 退款"按钮，用户单击该按钮后系统会直接发邮件给客服，让客服人工处理。运行一段时间后，如果客服每周只收到几封邮件，人工可以处理过来，那就先不开发这个功能。如果收到的邮件太多，人工处理不过来，就可以提需求开发这个功能了。可见，MVP 测试是可以通过非常灵活机动的方式展开的。

2. 广告、众筹或者预售

投放广告可以让你获取目标顾客的画像，特别是在投放网络广告的情况下，我们可以精准分析广告投放出去之后哪些用户看了广告，哪些用户没有看广告，哪些用户看完了整个广告，哪些用户中途退出。通过对这些内容的分析我们可以大致判断产品的主要目标用户群有哪些。

如果用户看好你的产品，他还会用众筹等方式进行支持，间接反映出产品是有市场的。例如，Pebble Watch 的创始人早期也不确定这样的智能手表会不会受到用户认可，他们通过把最小可行产品放到众筹平台 Kickstarter 上，接受用户融资的方式来了解用户的接受度。如图 6-4 所示，Pebble Watch 在短短 37 天就融资到将近 1030 万美元，证实了这个产品是可行的且用户愿意购买。

经过这样的用户测试验证后，Pebble Watch 的创始人才开始推出正式产品。

图 6-4　Pebble Watch 的众筹页面

也有一些公司会提前把产品信息公开进行预售，顾客可以先交定金，等产品上市后再付尾款。预售期间，用户如果真正购买了产品，那就说明产品是受欢迎的。例如，Oculus fit 这款 VR 设备就在开发之前进行了预售。这也是测试产品市场反馈的一种很好的方法。

我认为 MVP 测试更多是一种做事习惯或者思维方式，可以指导我们快速前进而不至于走错大方向。一旦我们拥有了这种做事习惯和思维方式，真正的 MVP 准备过程和测试反而非常简单。例如，Dropbox 是一个云存储工具，如果真的做出一个可以体验的产品是需要耗费很大精力的，于是它的创作团队拍摄了一段 3 分钟的短视频，同时为视频配了旁白，将这个短视频作为

MVP 找用户进行测试。所以 MVP 不一定需要真的"可行""可用"，如果我们能通过视频、纸面原型等方式表达清楚我们自己的想法，也是可以进行测试的。总之，我们应尽量做出一个可运行甚至可展示的版本给用户尽早试用，尽早识别机会点或者风险点。互联网公司常讲的小步快跑、快速迭代、敏捷开发等概念，很多离不开 MVP 测试的应用，它们本质上都是通过不断快速试错，从中找到一条相对正确的路径。

6.5.4　最小可行产品测试的局限性与陷阱

当然如果我们推出的是一种全新的革命性产品或者商业模式的话，MVP 测试也会对我们产生一些误导，出现一些好的产品反而在测试中不受用户认可的情况。这就需要我们保持警惕，批判地看待测试结果。下面结合一些案例谈谈为什么会出现这样的情况。

首先，当人们受限于自己的认知，没有意识到对某种产品有需求时，人们将无法客观公正地对一个革命性产品进行评估。像现在大家熟知的铁路、火车、复印机、手机、个人电脑等，在发明出来的当时并没有获得人们的追捧，而是遭受了长时间的冷落。随着时间的推移，人们慢慢地发现了这些革命性产品的好处。像铁路和火车在 1804 年就已经发明出来而且试跑了一段路，这就是一个 MVP，但是它们在 1825 年之后才真正被人重视并且使用。复印机的发明者做出第一台复印机时，想把这个专利卖出去，他找了很多公司，却发现它们对此毫无兴趣，因为那时已经有了碳素复写纸，他们不认为复印机有什么市场。直到施乐公司（Xerox）创始人买下了这个专利，从做出产品到有人购买前前后后花了七八年时间。电脑也一样，它一度被认为是科研机构才需要的产品，个人和家庭对电脑没有使用需求。站在今天来看的话，人们对这些产品其实是有需求的，但是当时的人们并不这样觉得。

其次，在有的情况下用户对产品是需求的，但是满足需求的方式不够好，也会导致用户的不喜欢。在《创新者的任务》一书中，作者列举了一个成人纸尿裤的案例，可以很好地说明这个问题。金佰利（Kimberly-Clark）很早就发现了成人纸尿裤的巨大市场，因为他发现在 50 岁以上的人群中，有 40% 的人有大小便失禁的困扰。但是很多人并不想用。为什么呢？调研发现，对很多有大小便失禁困扰的人来说，他们对使用成人纸尿裤有着深深的羞耻感和焦虑感，通常隐忍很久，只有在迫不得已的时候才去购买相关产品。于是，研发团队推出了一款看上去不像纸尿裤而更像内裤的产品，从外包装到材料材质都做了大量改进，上市后立刻成为热卖产品。

再次，用户不喜欢某个产品时有可能不是真的不喜欢，而仅仅是由于不熟悉造成的。人们喜欢一个产品和事物，往往隐含了熟悉和意外，所谓"喜欢 = 熟悉 + 意外"，当人们看到全新事物时，并不会不喜欢。当人们看到全是熟悉的事物时，也可能会觉得毫无新意而兴趣索然。所以最好的情况是熟悉中有一些意外，或者意外中有熟悉元素。人生四大喜事之一的"他乡遇故知"，在陌生的环境里遇到熟人，也是一个典型的"熟悉 + 意外"场景。所以，人们表示不喜欢一个产品或者事物时，有可能仅仅是不熟悉造成的。就像赫曼米勒公司几十年前刚推出如图 6-5 所示的椅子时，并没有得到用户和市场的认可。当时用户感觉太过陌生，会觉得镂空设计不安全，且不如皮椅好看，非常难以接受。但是我们今天再看，这已经成为主流的办公椅了。

图 6-5　赫曼米勒公司研发的椅子

　　最后，我们选择的测试人群也会影响 MVP 测试的结果。到底选择种子用户还是普通用户做测试呢？这也是一个值得讨论的问题。在《创新的扩散》一书中，作者 E.M. 罗杰斯提到："任何新生事物，任何一个新颖的观点、理论或事物，要被市场接受都会经历循序渐进的过程。"也就是说，即使是一个革命性的产品推向市场，也不会立刻就吸引所有用户，而是首先由尝鲜者使用或者购买，然后才是由大众用户逐渐购买使用。想一下智能手机在中国的普及过程，2008 年之前只有少数人在使用，2012 年左右开始爆发式增长，直到 2015 年才渗透到所有人群。所以，在 MVP 测试中一种比较好的做法是，既包含普通用户，也包含早期尝鲜用户。

|第7章| CHAPTER 7

产品开发中的用户研究

产品开发前的用户研究侧重于发现，主要服务于产品定义。而产品开发中的用户调研侧重于评估，主要服务于产品的优化与调整。苹果前 CEO 乔布斯在一次采访中提到，一旦你开发出新产品，就需要演示给用户去看，观察他们的反应。产品开发中通过用户试用、评估、测评，让产品融入用户视角，可以大大降低上市后的风险，尽最大可能保证产品在上市后获得用户的认可。产品迭代研发是一项巨大的工程，有时会非常耗时耗力。例如，亨氏番茄酱公司为了改进其番茄酱瓶盖，花费了 120 万美元、18.5 万小时，历经 45 个版本，经过用户测试，不断改进，才最终设计出如图 7-1 所示的瓶盖。

注　新瓶盖可以提供恰到好处的出酱量，让用户更有控制感，更容易拧
开，并且更容易回收。

图 7-1　亨氏番茄酱公司历经 45 个迭代版本设计出来的瓶盖

7.1　A/B 测试：哪个版本更好

A/B 测试是我们在第 3 章中提到的一种实验方法，在实验中
一般有两种或两种以上的版本（如几种不同的页面布局、页面配
色方案，或者几款产品外观等）分别呈现给用户，通过这种测试
来确定哪一个版本反响最好，或者哪一个版本更能够帮助我们实
现商业目标。大型互联网公司，如 Google、Amazon 等，都大量
使用 A/B 测试来提升业务表现。

7.1.1　A/B 测试是什么以及为什么需要它

A/B 测试的作用是多方面的。在产品方面，通过测试可以在

产品功能迭代上帮我们找到更好的解决策略，更好地优化外观设计、UI 和交互，从而提升转化率、注册率、用户操作效率、用户留存等关键指标。在市场和运营方面，可以在运营活动优化、运营海报文案和视觉优化、广告投放上帮助我们提升运营效果。在研发方面，则可以在优化算法方面发挥作用。

A/B 测试的结果之所以会为我们带来巨大回报，是因为它是一种利用科学实验的结果来辅助决策的方法，而不是靠直觉判断。当我们在细节上进行改进和优化时，用户有时难以表达出优化前后真正的差别，但是通过测试却能够发现差异，这就是 A/B 测试作为一种实验方法的魅力所在：能够发现一些用户难以表达却在实际行为上确实存在的差异。例如，《精益数据分析》一书中提到一个案例，众筹公司 Picatic 在一次网页 A/B 测试中，将网页中一个触发用户试用的按钮的文案从"免费开始"改成了"免费试用"，仅仅这一个简单的改动，就使链接点击率在 10 天内飙升了 376%。我们通过访谈或者问卷方式是很难量化这种体验差异的，但是通过 A/B 测试却可以。A/B 测试平台 Optimizely 的创始人 Dan Siroker 也曾经讲述过他参与 2008 年总统竞选时，如何通过 A/B 测试提升竞选页面的注册量（更多注册量意味着更多捐款和志愿者），最终帮助竞选团队页面的注册率提升了 40.6%。他认为，我们不可能知道什么起作用，以及作用有多大。例如，他一开始认为在这个注册页面中放演讲视频的效果好过放图片，但是最终测试结果反而是图片配合特定文案，用户的注册率最高。

7.1.2　A/B 测试步骤

A/B 测试本质上是一种实验研究方法，所以研究上要遵循实验研究的步骤，也要注意避免实验研究中的"坑"。

1）确立研究目标：我们要观察的指标（因变量，如注册成功率、注册时间）是什么？要操控的因素（自变量，如不同的文案、不同页面导航方案）有哪些？当然自变量和因变量可能都不止 1 个，但是不管有多少，我们都要在一开始就定义清楚。

2）准备实验材料：测试的材料，如不同的文案版本、不同的导航方案，需要提前准备好，以备测试。

3）确定分组和样本量：要做到实验组和对照组的样本在因变量上没有差异。有的研究者建议在做 A/B 测试之前先做一轮 A/A 测试，就是把用户随机或者按照一定规则分成若干个组，在不施加实验处理的情况下，看这两个组是不是在因变量上有差异，如果有的话，那就说明有问题（因为还没有做实验之前就已经表现出了差异），需要排查问题出在哪里，以及判断是否需要重新分组。

4）实施测试：根据第一步确立的自变量个数及水平，确定一共有多少个分组。如果是线上测试，那么后面需要将网络流量平均分到各个组中。如果是线下测试，例如，现场评估两个产品外观，除了可以让用户打分之外，还可以有针对性地通过访谈形式了解用户喜欢或者不喜欢的原因，充分利用好线下测试的优势。本章一开始提到的亨氏番茄酱瓶盖的优化过程就充分利用了这一点，该公司会在每个版本的产品研发出来后找用户进行测试，让用户实际体验产品，然后询问用户使用旧瓶盖和新瓶盖是否有不同的感受，哪个更容易打开，哪个瓶盖更干净等，同时让用户讲出原因和感受。

5）数据分析与报告：根据自变量个数和水平确定数据分析方法。数据分析的目标是确立自变量对因变量是否有显著影响，如果只有 1 个自变量，且只有两个水平，则采用 T 检验进行数据分析。其他情况下一般采取方差分析进行数据分析。

A/B 测试可以是线上的，也可以是线下的。当前很多互联网公司喜欢采用线上 A/B 测试来测试不同的版本，辅助决策。而当我们研究不同版本的硬件产品时，更多需要采用线下测试的方式。

7.1.3　A/B 测试的局限性

A/B 测试可以帮我们找到相对较好的方案，但是不能找到最好的方案。A/B 测试能否产生大的效益，取决于我们推出的版本是否足够好。如果仅仅为了测试而测试，那么我们很容易做出一些低质量的版本投放到市场进行测试。这种倾向是错误的，只能导致我们在较低水平上的优化，"矮子里面拔将军"说的正是这个道理。

所以我们应该拿出好的版本去测试，实现高水平的 A/B 测试。如图 7-2 所示，我们拿左边这两种低层次 A、B 方案去测试，B 方案胜出，单从这两种方案来说的话，确实 B 方案更好。但是如果再对比右边这两种高层次 A、B 方案，就会发现右边的 B 方案比左边的 B 方案要好得多。所以 A/B 测试的天花板就在于我们给出的方案有多好，没有更好的方案，即使做再多次 A/B 测试，作用也不大。

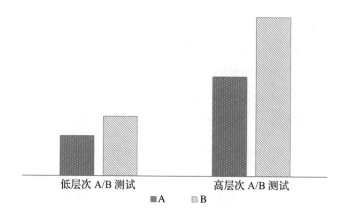

图 7-2　两种层次的 A/B 测试

　　但是在现实工作中，要做出两种方案其实挺困难的。工作中由于进度、人力、成本等因素限制，我们往往只做一种方案，根本没有做 A/B 测试的条件。凡是经常做 A/B 测试的公司一定是非常优秀的公司，因为这表明了该公司不断探索新方案、寻找最佳实践的意愿。如果我们无法在所有决策之前做 A/B 测试的话，至少应该保证在关键决策时通过 A/B 测试找到最佳方案。

7.2　可用性测试：产品是否对用户友好

　　可用性测试通过邀请用户使用我们的产品，及早发现产品的设计问题，为优化产品提供依据。

7.2.1　为什么需要可用性测试

　　大家还记得第 1 章提到的美国医保网站的案例吗？花巨资建

成的网站，几百万人使用，却只有 6 个用户注册成功，这就是可用性差带来的灾难。可用性专家 Jakob Nielsen 说过：可用性经常是关乎生死的事（Usability is often a matter of life or death）。下面这个例子很能说明这个问题：有人对美国医院里常用的 CPOE（Computerized Physician Order Entry，电子处方）系统进行可用性测试，发现有 22 个可用性"陷阱"可能导致医生开错药。例如，他发现某些药品的默认剂量值设置得不合理：医院里某种药品只有 10mg 一盒的（没有 20mg 或者其他规格的），因此系统里该药品的默认值就是 10mg。但是病人最常用的剂量是 20mg 或者 30mg，医生需要修改默认值才能开出合理的剂量。可是人的一般思维逻辑是：默认值就是最优的，通常不需要修改。这里的默认设置不够合理，会导致医生有些情况下开出的剂量偏少。

对于企业来说，可用性关乎产品的存亡。在当今商业世界里，产品和服务琳琅满目，用户有充足的选择，可用性差的产品或者服务不但会让你当前的用户"叛变"，还会"吓跑"潜在的用户。以下几个不同公司针对体验做的调研，可以帮助我们更直观地看到体验和可用性的重要性：

1）当消费者经历不好的体验时，50% 的人会把这种糟糕体验告诉 10 人以上。但是当消费者经历好的体验时，23% 的人会把好的体验告诉 10 人以上。——《哈佛商业评论》

2）60% 的消费者在买东西时，会因为差的体验而终止交易。——American Express（美国运通）

3）如果消费者有一个好的或者完美的服务体验，97% 的人会有可能告诉周边的朋友或者家人。——Survey Monkey

可用性做好了，用户一般感受不到，只觉得使用起来如行云流水般流畅。就像 Steve Krug 在 *Don't Make Me Think* 一书里说的那样：让用户不用付出过度努力，不要遇到不必要的麻烦，少一些思考，可用性好也是对用户的一种基本礼貌。

7.2.2　什么是可用性以及可用性包括的内容

什么是可用性？当一个产品或者服务的可用性好时，用户可以如愿完成自己想做的事情，而且过程中没有障碍、犹豫和疑问。相反，当可用性很差时，用户难以完成自己的任务，有时还会觉得自己很笨、很蠢。

可用性专家 Jakob Nielsen 认为可用性包括以下内容：

1）可学习性（Learnability）：初次使用产品时，用户是否容易完成任务？

2）效率（Efficiency）：用户在你的产品上完成任务要花多长时间？

3）可记忆性（Memorability）：当用户一段时间没有使用产品时，能否快速恢复到之前那样熟练使用？

4）错误（Error）：用户犯了多少错误？错误是否严重？用户能否轻易改正错误？

5）满意度（Satisfaction）：用户对产品的满意度如何？这个设计让用户感觉如何？

7.2.3　何时进行可用性测试

总的来说，可用性测试在产品开发的各个阶段都可以做。产品上线之后，可以用真实的产品进行测试。当开发出 demo 的时候，可以让用户测试 demo。甚至在产品还只有纸面原型（paper prototype）这样的草图时，也可以拿给用户进行测试。还有人指出，当连纸面原型都没有时，可以拿竞品的产品来进行测试，这样自己再做产品时就可以规避很多坑。

虽然可用性可以贯穿产品开发的全流程，但是越早做越好，因为可以及早发现问题，及时改进。Steve Krug 曾经指出，在项目中，早点测试 1 位用户好过最后测试 50 位用户，因为随着开发、设计的不断定型，问题必然越来越难以改进。

Steve Krug 还进一步驳斥了很多不做可用性测试的所谓"借口"，如没钱（可用性测试可以很省钱）、没时间（测试一个用户都比不测试好 1 倍）、没有专业知识（可用性测试比较容易执行）、没有可用性实验室（不需要专门的实验室）、不知道如何解读可用性测试结果（每个参与者都可以从中获得启发、发现问题）。他在 *Don't Make Me Think* 一书中不断灌输着一个观点：要树立可用性的意识，可用性很简单，容易上手，而且可以帮产品解决大问题。可用性测试是一项丰俭由人的事情，时间、人力和财力预算多有多的做法，少也有少的做法，关键是要有意识去做。

可用性需要多少样本呢？Jakob Nielsen 的调研表明，一般 6~8 个样本就可以发现绝大多数问题。当然如果存在时间、预算等限制，样本再少一些也是可以的，这样也大大好过不做。但是如果我们想定量测一些指标，则至少需要 30 个样本。

7.2.4　可用性测试基本步骤

可用性测试一般需要经历设计任务、招募用户、观察用户行为、访谈用户等几个步骤。

1）设计合理的任务。可用性测试的原理是通过让用户在我们的产品上完成任务，达到观察用户行为、听取用户反馈的目的。任务就像考试中的试题，是用来测试产品可用性的载体。任务设计需要注意的地方列举如下：

a）选择核心任务。做过交互设计的人都清楚每个 App 的功能很多、页面也很多。但是可用性测试应该聚焦核心任务。例如，一个购物网站的核心任务就是搜索商品、完成购物等，这样有利于把有限的测试资源放在核心问题上。再如，一个银行 App 的核心任务就是查询余额、转账、购买理财产品等。对于那些用户很少接触到的任务和场景则可以不用测试。

b）让任务可执行，以便我们从操作行为中发现问题。有的人会设计用户如何行动的问题，比如这样设置任务：当你想在这款学习类软件中找英语口语的学习内容时，会怎么做？但是这样的任务设置更合理：请你在这款学习软件中找出英语口语类的学习内容。我们的重点是观察用户在实际中如何去做。

c）任务中不要提供操作线索和操作步骤。例如，这样的任务就不是一个好任务：打开你的中国银行 App，登录个人账号，找到转账模块，给刘大庆转 500 元。好的任务描述应该是这样的：通过中国银行 App 给刘大庆转 500 元。任务中如果包含线索和步骤，就会看不到用户在完成任务中遇到的问题、犹豫和思考，这样就大大降低了我们发现问题的概率。

d）任务中尽量不要出现界面上已有的按键、菜单名称等内容。因为界面上的文案、icon 的命名、设计样式也是测试的一部分，如果在任务中出现了这样的名字，相当于给用户提供了一些线索。比如，这样的任务就是在无意中给用户提供了线索：请找一下电影《肖申克的救赎》，并把这部电影通过微信推荐给朋友。如果界面中有"推荐"字样的话，用户可能就直接执行这个操作了。可以这样修改任务：请找一下电影《肖申克的救赎》，并在这个网站内（不要单独打开微信，也不要通过截图等方式发给朋友）通过微信告诉你的朋友。这样用户在测试过程中看到"推荐"这个字眼时，我们可以询问或了解用户是如何理解这两个字的，这会进一步测试我们的命名是否合适。

2）找一批有代表性的用户，通常通过测试 6～8 名用户就可以发现绝大多数问题。

3）当用户来到我们的实验室之后，我们需要请用户完成我们在第一步设计的任务。在用户做任务的过程中我们需要观察用户行为，观察他们为什么会成功完成任务，哪里有困难，让用户"出声思考"——把自己的疑问、思考和推理过程尽量在做任务的过程中表现出来，以便我们了解用户背后的心理活动。在用户完成任务的过程中，让他们自己解决问题，我们尽量不要引导或者帮助他们。同时，我们要尽量多做笔记，记下任何事情，因为你不知道哪些是有价值的。如果多人同时在现场观测用户的话，每个人都尽量去做笔记，因为不同人看到的事情是不一样的。

4）让用户填写量表并访谈。用户完成任务之后，需要填写一个标准的量表，如表 7-1 所示。这个量表的主要作用不仅在于统计用户打出的分数，更在于当场根据用户的打分情况，继续追问打这个分数的原因是什么。例如当用户在"我发现这个系统没必要这么复杂"这一题目中打了高分时，可以进一步询问用户觉得哪里复杂，从而帮助我们更好地了解用户在使用中的感受。

表 7-1　可用性测试量表

描述	强烈反对	反对	中立	同意	非常同意
我认为我会经常使用该系统	1	2	3	4	5
我发现这个系统没必要这么复杂	1	2	3	4	5
我认为该系统容易使用	1	2	3	4	5
我认为我需要技术人员的支持才能使用该系统	1	2	3	4	5
我发现这个系统的不同功能被很好地整合在一起	1	2	3	4	5
我认为这个系统太不一致了	1	2	3	4	5
我认为大部分人会很快学会使用这个系统	1	2	3	4	5
我发现这个系统使用起来非常笨拙	1	2	3	4	5
对于使用这个系统，我感觉很自信	1	2	3	4	5
在我使用这个系统之前，我需要学习很多东西	1	2	3	4	5

7.2.5　启发式评估 / 专家测评

如果你认为招募用户进行可用性测试比较耗时耗力的话，那么可以采用启发式评估方法。启发式评估是由可用性专家 Nielsen 和 Molich 最早提出来的，他们总结了大量产品中隐藏的十大可用性原则，利用这些原则，可用性专家可以对产品或者服务的可用性进行评估。这种方法虽然具有成本低、效率高等优点，但是也有一些缺点：这毕竟不是用户的测试，只是模拟用户，另外测试结果也会受到评估者的经验影响，只有比较有经验的评估者才能发现关键的核心问题。

启发式评估的主要流程如下。

1）招募评估者：3～5 个可用性评估者是比较合适的，可以发现较多问题。

2）让评估者根据可用性的十大原则评估界面，后面详细介绍。

3）对发现的可用性问题进行评级。一般分为 4 等，最差的一个等级是用户无法完成任务，最好的一个等级就是没有任何问题，中间的两个等级被定义为严重问题和中等问题。

启发式评估的核心在于对十大原则的把握，原则内容如下：

1）系统状态的可见性（Visibility of System Status）——一定时间内给予用户适当反馈，告诉用户正在进行的内容，让用户感觉到系统是可控的、可预期的。例如，当你按电梯按钮上楼的时候，电梯按钮变色，表示已经收到了你的指令，同时显示屏告诉你电梯在几楼，这样你就知道需要等多久。

2）系统与现实世界的匹配（Match Between the System and the Real World）——使用用户熟悉的语言，而不是专业术语；遵循真实世界的习惯。例如，我们在读一本纸质书的时候会在上面划线，在旁白处写笔记，那么在做读书类 App 时也要尽量遵循用户在现实世界中的这种习惯。

3）用户控制和自由度（User Control&Freedom）——当用户

做出错误操作时，为了让用户尽快走出这种错误状态，要提供退出或者取消的功能。很多 App 的返回、取消等功能都是为了增加用户的控制和自由度。

4）一致性和标准化（Consistency and Standard）——在同一个应用或者服务中，指示语、弹窗、按钮样式和反馈保持一致。同时要跟用户习惯使用的其他 App 保持一致，尽量减少用户使用中的学习成本。

5）预防错误（Error Prevention）——设计一开始就要防止错误发生，提前预防好过发生错误再去让用户补救。

6）识别而不是回忆（Promote Recognition over Recall）——用户的记忆往往有限，要尽量保持页面的选项、元素、按键处于好的可见状态。例如，搜索引擎的搜索框里往往可以查询到历史搜索内容，以避免用户搜索同样内容的时候需要重新输入关键词，直接选择历史搜索内容就可以重新搜索。

7）灵活性和效率（Flexibility and Efficiency of Use）——新用户和老用户的需求不同，老用户倾向于使用快捷方式以提升效率，而新用户则可能暂时只会默认的操作方式。例如，有的 App 可以让熟悉 App 的老用户"双击"图片点赞，这样浏览图片的效率会更高，但是页面上依然保留了"心形"按键允许新手用户点击心形点赞。

8）审美和极简主义设计（Aesthetic and Minimalist Design）——尽量不要包含多余、无关紧要的信息，减少干扰，让用户聚焦完成最主要的任务。

9）帮助用户识别、诊断和从错误中恢复（Help Users Recognize, Diagnose, and Recover from Errors）——当用户执行了错误操作

时，使用用户熟悉的语言表达错误，指出问题，并提出建设性意见，以便用户进行正确的操作。

10）帮助和文档（Help and Documentation）——提供帮助文档，让用户容易找到。当然，最好的产品是足够简单而不需要帮助和说明文档的，但是有的情况下用户仍然需要一些指导才能完成目标，这就是帮助文档的价值。

可用性原则并非教条，也不是一成不变的。如果我们看一下 Apple 的 iOS 设计指导原则，会发现表述上与上述原则略有不同，但是绝大多数内容意思相近。在这里也将其列举出来，可以对比前面的十大原则来看。

1）美（Aesthetic Integrity）——美不仅指外在的美，更重要的是指 App 的外观与其功能相衬。例如，一个帮助用户完成特定任务的 App 通过使用标准控件、不让人分心的图形设计，少用装饰性元素，让用户聚焦当下并完成自己的任务。

2）一致性（Consistency）——尽量用熟悉的标准和样例，例如，使用系统提供的界面元素，使用众所周知的图标和标准的文本风格。

3）直接控制（Direct Manipulation）——通过直接控制，用户能够看到操作带来的即时、明显的结果。例如用户旋转屏幕时，内容跟着旋转，用户双击图片放大等。

4）反馈（Feedback）——反馈是对用户操作的回应，告知用户操作后的结果。例如进度条就是一种反馈，告诉用户系统正在运作，一些动画和声音效果也是一种反馈，告诉用户操作的结果。

5）隐喻（Metaphors）——当 App 中的操作和现实世界中熟悉的操作相仿时，用户学得更快。比如 App 中的拖曳、滑动翻页等，与现实世界中的操作是相通的。

6）用户控制（User Control）——让用户控制一切，而不是 App 控制一切。例如，App 可以提示一些危险的操作，如删除联系人，但是到底要不要删除，选择权要交给用户。

7.3 内容测试 / 营销卖点测试：用户是否理解我们想要传达的信息

当你去某个公司的官方商城购买产品时，你首先看到的就是产品的图片、卖点介绍、slogan 和文案宣传，看到商家精心准备的这些内容，用户是什么感觉呢？我们应该通过什么样的内容与用户建立良性的互动关系？这就是内容测试要解决的问题。内容测试主要是为了了解我们给用户的"内容"能否对用户或者读者产生作用，确切地说，我们希望这些内容产生正面作用。测试的内容范围非常广泛，可以是宣传文案、宣传图片、宣传视频，可以是网站主页，以及网页中的关键按钮文案、错误提示文案，甚至可以是以上几种内容的组合。

7.3.1 为什么需要内容测试

内容是商家和用户的沟通方式之一，是用户接触商家的第一站和首次体验。内容体验往往不仅先于产品体验，而且它的受众群体也比产品体验要广泛。例如，很多人听说过"今年过节不收礼，收礼只收脑白金""怕上火，喝王老吉"的广告内容，却未必是脑白金和王老吉的用户或购买者。内容也是帮助品牌建立用户认知的重要载体。内容应该被视为产品的一部分，而不是产品的附属物，我们理应要像做产品一样做内容。

毋庸置疑，好的内容至少可以给用户留下好的印象，也是跟用户建立进一步关系的基础。不好的内容则无法让用户有效理解我们传递的信息，会在客观上阻碍用户继续购买或者使用我们的产品。例如，公众号的运营人员对这样的场景可能并不陌生：发了一篇文章后，出现比较多掉粉的现象，这就是典型的发布内容不当导致的问题。一些 App 发送推送通知的时候，通知的文案和内容也会引发用户不同的行为，用户觉得内容好则会点击查看，用户觉得内容不好轻则关掉通知，重则直接删掉 App。还有的文案会让用户产生"不明觉厉"的感觉，特别是一些人喜欢使用专业术语或者业内行话与用户沟通，如"平台""颠覆性创新""骁龙 888 处理器"，如果我们只给用户看这些术语，没有讲清楚对用户的价值或者戳中他们的痛点，则很难说这是与用户的有效沟通。

内容测试主要帮助我们回答以下问题：

1）内容的可读性如何？内容中有哪些是不必要的或者令人费解的？

2）对目标用户来说，他们对内容的理解程度怎么样？用户是否理解了内容背后的意义？

3）我们的价值主张或者 slogan 等是否引发了用户的共鸣？是否可以引发用户的购买或者使用行动？

4）我们的遣词造句、语气和风格是否让受众觉得跟他们是相关的？

7.3.2　内容测试指标

内容测试指标主要有以下类型：

1）可用性（Usability）——例如，错误提示能否有效指导用户进行正确操作？按钮的命名是否符合用户习惯，方便他们进行点击？

2）用户的理解程度或者可读性（Readability & Comprehension）——用户是否容易理解我们传达的内容？用户不理解的信息大概率是无效传播。

3）语调与语气（Tone and Voice）——我们的宣传语气与风格是否会让用户产品共鸣？这有点类似于我们常说的"调性"一词。比如，我们跟用户沟通时用"你"还是"您"？这种微妙的话术选择也会给用户带来不同的感受。像微信，就从来不在 App 中使用"您"，而只用"你"。因为它认为使用"你"传达的信息是：用户跟 App 之间是一种平等关系，而不是把"用户视为上帝"。

4）用户的回忆程度（Recall Rate）——用户能否记住我们所传达的信息？毕竟我们希望用户可以或多或少记住一些内容，留下印象。用户首先记住或者能够回忆起某个品牌、某个系列的产品，这样他们在购买相关产品时才会把这个品牌或系列放到备选项中。

5）内容对用户的说服力（Call-to-Action）——当我们把内容

推给用户时，用户是否相信我们所说的？会不会产生点击、购买
或者使用的行动？会不会产生号召力？用户第一眼所看到的"内
容"会在一定程度上决定他们接下来的行为。Netflix 深知这一点，
如图 7-3 所示，它在为 *Strange Things* 这部电视剧配头图的时候
就根据不同人的偏好，使用不同的封面，尽量选择让受众群体更
喜欢、更容易引发兴趣的图片，从而更加有效地引发用户后续的
点击观看行为。

图 7-3　Netflix 同一部电视剧针对不同人群使用不同的封面

　　6）其他指标——如内容是否容易被搜索到（Searchability）、
是否容易获取到（Accessibility）、是否容易导航等。

7.3.3　内容测试方法

内容测试方法主要有以下几种。

　　1）可用性测试（Usability Test）：可用性测试与内容测试有

重合之处，因为在可用性测试中我们也需要搞清楚用户在看到网页或者 App 的内容时是否清晰且易理解。只不过在以内容测试为主要目的的可用性测试中，我们需要重点关注用户对内容的反馈而已。

2）"荧光笔"测试（Hilighter Test）：让用户根据自己的情况，以及我们的要求，使用不同颜色的荧光笔进行标记。例如，假设我们想测试用户对文本的理解程度，可以让用户把自己理解的部分标为蓝色，不理解的部分标为红色，如图 7-4 所示。如果我们想要了解用户是否相信对产品的描述，可以让他们把相信的部分标为蓝色，不相信的部分标为红色。不同颜色代表什么含义是我们根据测试目标来定义的。这种测试方法的精髓在于让用户直接在文本上画出来，以区分我们想要测量的维度哪里做得好，哪里做得不好。

图 7-4 "荧光笔"测试示例

3）完形填空测试（Cloze Test）：主要用于测试用户是否记住了我们传递的信息。我们根据文案内容总结一段话，然后将部分内容空出来，让用户填写。当然空出来的内容不能太多，一般为15～50 个空格。用户填完后，我们会计算用户填对了多少，再据此计算正确率是多大。Nielsen 的研究表明，如果用户填写的正确率在 60% 以上，就代表我们的内容是容易被用户记住的。例如下面是让用户阅读 Facebook 隐私条款之后，采用类似这样的形式让用户进行完形填空：

Site activity information. We keep {1}_____of some of the actions {2}_____ take on Facebook, such as {3}_____connections (including joining a group {4}_____adding a friend), creating a {5}_____album, sending a gift, poking {6}_____user, indicating you "like" a {7}_____, attending an event, or connecting {8}_____an application. In some cases {9}_____are also taking an action {10}_____you provide information or content {11}_____us. For example, if you {12}_____a video, in addition to {13}_____the actual content you uploaded, {14}_____might log the fact that {15}_____shared it.

4）A/B 测试（A/B Test）：如果有两个或者更多个版本的内容，如两种文案、两种内容布局方式等，可以采用 A/B 测试查看哪一种更好。A/B 测试的具体方法在 7.1 节中有介绍，这里不做进一步阐述。

在内容测试中，既然我们已经请用户过来了，那么测试完成后还可以对用户做一些简单的访谈，除了问用户一些常规的问题，如"对内容的整体感觉如何"等，还可以问一下如表 7-2 所示的问题，这些问题是由 Nielsen Norman Group 公司的 Kate Moran 整理的，可以帮助我们更好地了解用户的想法与意图，大家可以根据项目实际情况选择性地将这些问题加入访谈中。

表 7-2　内容测试中访谈问题及目的

问题	目的
● 你看到这个信息想到了什么？ ● 你如果想改变或者优化下这些信息的话，会在哪里优化？如何优化？ ● 这些信息理解起来你感觉简单还是有难度？为什么？	鼓励用户分享他们在看内容中遇到的问题
● ×××这个词对你意味着什么？	评估用户是否可以正确理解术语
● 如果你要向一个孩子介绍这些信息，你会怎么说？ ● 你能够用你自己的语言来描述这些信息吗？	评估用户是否理解这些内容，如果他们可以用自己的语言重新表述这些内容的话，表明他们是理解这些内容的
● 如果有人跟你说这些话，你觉得是什么人跟你讲呢？ ● 这些人是做什么工作的？ ● 他们的一言一行是怎么样的？	让用户间接描述内容的语气和口气

7.4　价格测试：产品该如何定价

　　从消费者的角度看，他们愿意出多少钱购买你的产品？产品的合理定价区间是怎样的呢？我们知道消费者和商家对商品价格的期望是完全不同的：消费者希望越便宜越好，商家则既希望多赚取一些利润，倾向于定价适当高一些，又担心定价高了影响销量。也就是说，在定价上，消费者和商家形成了一种动态博弈的关系。价格测试能够帮助商家在这种博弈关系中取得销量和利润的平衡。

　　我们这里主要介绍价格点问询法、价格敏感度测试法和比照价格测试法，三种方法各有自己的适用范围。

7.4.1　价格点问询法

这个方法又称作 Gabor Granger 定价法，是由经济学家 Andre Gabor 和 Clive Granger 在 20 世纪 60 年代发明的。使用价格点问询法时，我们首先需要描述产品，然后向消费者展示几个备选的参考价格（就是所谓的价格点），询问他们在每个价格情况下购买产品的可能性有多大。

假设我们想调查一本书的价格设定为多少才合适，需要先选出几个参考价格，如 40 元、45 元、50 元、55 元和 60 元，然后通过如下的问题问用户。

一本 350 页讲职场攻略的书籍，价格为 50 元时，你购买的可能性有多大？

1——非常有可能买

2——有可能买

3——不太可能买

4——肯定不买

可以先选定一个中间价格（如 50 元）开始问用户，如果用户选择了 1 或者 2，代表他可能购买，则提高价格问，例如价格为 55 元，如果用户仍然选择 1 或者 2，再询问价格为 60 元时用户的选择。如果一开始问 50 元时用户选择 3 或者 4，则降低价格继续询问用户意向。在做用户测试时，整体原则就是我们要找出用户可接受的最高价格是多少，如果用户接受我们给定的第一个价格，则提高价格继续问用户，直到用户不能接受为止。如果用户不接受我们给定的第一个价格，则降低价格找到用户能接受的最高价格。

假设我们针对上述问题一共询问了 80 名用户，如何对结果进行统计分析呢？如表 7-3 所示，我们主要统计以下内容：

1）在每个价格点上回答愿意购买的用户数，如表 7-3 中的第二列所示。

2）在每个价格点上回答愿意购买的累计用户数，如表 7-3 中的第三列所示。这里采用累计法，主要是考虑到如果用户愿意接受一个更高的价格，如 60 元，那在 55 元这个价格上理应也是接受的。所以 55 元对应的累计用户数实际上是愿意接受 55 元及以上价格的用户数，如表 7-3 中 55 元对应的愿意购买的累计用户数为 30，等于愿意在 55 元购买的用户数（20），加上愿意在 60 元购买的用户数（10）。

3）在每个价格点上回答愿意购买的累计用户百分比，如表 7-3 中的第四列所示。这个数据是在前一列基础上除以总用户数而得来的。

4）预期收入，如表 7-3 中的第五列所示。这里的预期收入是根据表中第一列的价格乘以第四列的累计用户百分比而得来的。

5）价格弹性，如表 7-3 中的最后一列所示。它的计算公式是：预期收入增幅百分比 / 价格增幅百分比。也就是提高价格带来的收益有多大。例如，价格从 40 元提高到 45 元之后，预期收入增幅为（42.2 − 40）/40 = 5.5%，价格增幅为（45 − 40）/40 = 12.5%。价格弹性为 5.5%/12.5% = 0.44。理想情况下，价格弹性大于 1 是最好的，这表明预期收入的增幅超过了价格增幅，换句话说，增加价格给我们带来的收益比较大。

表 7-3　价格点问询法统计表格

价格（元）	计数（在该价格下愿意购买的用户数）	需求（在该价格下愿意购买的累计用户数）	累计百分比（在该价格下愿意购买的累计用户百分比）	收入（价格 × 在该价格下愿意购买的累计用户百分比）	价格弹性（预期收入增幅百分比 / 价格增幅百分比）
40	5	80	100%	40	—
45	10	75	93.75%	42.2	0.44
50	35	65	81.25%	40.6	−0.33
55	20	30	37.5%	20.6	−4.92
60	10	10	12.5%	7.5	−7.00

通过上述表格，我们发现定价 45 元时总的收益最大，所以 45 元是一个比较合适的价格。当然，我们也可以从年龄段、性别等维度分别寻找合适的价格。

7.4.2　价格敏感度测试法

价格点问询法是我们先给出了几个价格，让用户选择每种价格购买的可能性。价格敏感度（Price Sensitivity Measurement，PSM）测试法的测试思路正好与之相反。我们先假定 4 种用户购买或者不购买的情景：觉得太贵了而不打算买，觉得比较贵，觉得比较便宜，觉得太便宜了而质疑其质量。然后请用户在这 4 种情景下给出一个具体价格。比如一瓶 500ml 的酸奶，在价格是 20 元时用户会觉得太贵了而不打算买，在价格是 15 元时用户会觉得比较贵，在价格是 10 元时用户会觉得很便宜，在价格是 5 元时用户会觉得太便宜了，开始担心有质量问题而不敢买。

具体来说，使用这种方法时，可以向用户提出如下问题：

1）该产品低到什么价格，您可能怀疑其质量较差，从而不会去购买？（了解用户认为的最低价）

2）当该产品的价格是多少时，您认为物有所值？（了解用户认为的较低价）

3）什么样的价格您认为较高，但仍可能去购买？（了解用户认为的较高价）

4）价格高到什么程度，您会觉得太贵而不考虑购买？（了解用户认为的最高价）

以上第 1 个和第 4 个问题可以帮助我们锚定一个比较大的价格范围，而第 2 个和第 3 个问题则可以帮助我们将价格范围进一步收窄。

收集好用户数据之后，我们将计算每个价格区间下分别有多少用户认为这个价格区间是最高价、最低价、较高价和较低价，如表 7-4 所示。

表 7-4　每个价格区间的最高价、较高价、较低价和最低价与累计百分比

区间	最高价百分比	最高价累计百分比	较高价百分比	较高价累计百分比	较低价百分比	较低价累计百分比	最低价百分比	最低价累计百分比
<50 元	0	0	0	0	10%	100%	30%	100%
51～100 元	0	0	0	0	5%	90%	30%	70%
101～150 元	0	0	5%	5%	30%	85%	25%	40%
151～200 元	3%	3%	8%	13%	35%	55%	10%	15%
201～250 元	10%	13%	15%	28%	20%	20%	5%	5%
251～300 元	31%	44%	42%	70%	0	0	0	0
301～350 元	30%	74%	20%	90%	0	0	0	0
>351 元	26%	100%	10%	100%	0	0	0	0

每个区间内的百分比统计出来之后，还需要计算每个节点的累计百分比是多少。例如，201～250 元区间内有 10% 的用户认为这个价格太贵而不打算购买，还有 3% 的用户认为 150～200 元区间的价格太贵而不打算购买，所以在 250 元这个节点上，累计有 13% 的用户认为价格太贵。最高价和较高价要从低价到高价依次计算累计百分比，而最低价和较低价则要从高价到低价计算累计百分比。

计算好累计百分比之后，接下来需要绘图，最优价格是需要通过看图得出的。我们依照最高价、较高价、较低价、最低价的累计百分比，生成 4 条折线，如图 7-5 所示。最优的定价区间是在交叉点 1 和交叉点 2 之间的区域，也就是大致位于 180 元和 230 元之间。在这个价位段，认为价格太低而担心产品有质量问题的用户较少，认为价格太高而不购买的用户也较少，同时，较多用户认为价格是较低的，较少用户认为价格偏高。

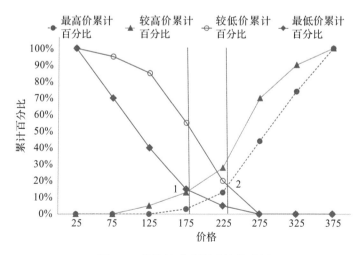

图 7-5 价格敏感度测试结果示例

7.4.3　比照价格测试法

前面两种价格测试法仅仅是对产品价格的调研，未考虑与竞品的对比，而比照价格测试法则考虑了竞品的价格。现实生活中品牌是有溢价的，有时候相似的产品在价格上却差别很大。所以在定价时只考虑自己的产品可能会有失偏颇。

比照价格测试法适用于改进型新产品，通过这种方法测试时，必须有相关的竞品做参照，由用户以这个竞品价格做参照给出新产品的估计值。我们首先需要向消费者展示某个竞品的基本情况以及价格，然后出示被测产品的基本情况，让消费者给出他们认为合理的价格，如表 7-5 所示。

表 7-5　比照价格测试法案例

竞品产品卡	测试产品卡
品牌 A	品牌 B
4.7 寸	4.7 寸
8GB RAM+256GB ROM	8GB RAM+256GB ROM
MTK	高通骁龙 888 处理器
价格：3599 元	价格：?

由于通过比照价格测试法，我们获取的是用户给出的具体数值，所以可以采用取平均值、计算价格分布等方法进行数据分析，帮我们找到合理的定价。

有的情况下，我们会采用联合分析的思路进行价格测试。这时候我们给用户一组配置，让用户选择或者给出价格，这实际上是观测用户在不同产品配置条件下是如何定价的。这与 6.4 节提到的联合分析的原理一样，不过在 6.4 节的联合分析中，我们考

察的是不同配置组合（自变量），对用户是否选择某个产品以及用
户是否喜好某个产品的影响（因变量）；而在比照价格测试中，我
们的因变量已经变成了价格，也就是考察不同配置对用户定价的
影响。

|第8章| CHAPTER

产品上市后的用户研究

产品上市后的用户研究是为了了解产品的优势与不足，为做好下一代产品提供参考。产品上市后的用户反响如何？产品的用户是谁？哪些关键卖点对用户购买起到重要作用？用户是如何使用产品的？用户的整体满意度如何？这是产品上市后的用户研究要回答的重点问题。

8.1 用户回访：在用户看来产品表现如何

产品上市或者发布并不是产品的终结，而是下一代产品的起点。下一代产品应该如何去优化和迭代？对上市或者发布后的产品进行用户回访，可以很好地回答上述问题。通过产品回访我们可以了解到以下问题：

1）产品卖给了谁？谁在用我们的产品？产品实际使用的人群与一开始设想的是否一致？如果不一致的话，后续产品可能需要调整。

2）用户购买 / 使用产品的主要原因是什么？产品的哪些点吸引到了用户？哪些点没有有效吸引到用户？

3）用户的整体满意度或者 NPS 如何？用户在产品使用中有哪些好的和不好的体验？

用户回访可以对接下来的产品提供综合性、多方面的指导。例如，对产品人群画像的描摹可以让产品经理更好地把握产品格调，用户使用中的痛点和问题可以让产品经理找到更多机会点，用户对卖点的认知对营销策划有启发作用，用户对外观和界面设计的感受则会对产品设计的改善起到很好的作用。

在用户回访中，如何选取调研用户是非常重要的。有人做用户回访时只回访自己产品的用户，但是这往往会带来很大的缺陷：信息不完整，对决策造成误导。有一个著名的幸存者偏差的案例可以很好地说明这个问题。二战时美国军方找到著名数学家亚伯拉罕·瓦尔德，要求他统计返航飞机上的弹孔数，分析在飞机的哪个部位加装装甲可以减少损失。因为不可能在每个地方都加装装甲，那样会导致飞机很重，油耗很大，也会导致飞机的机动灵活性下降，所以应该找到最易受攻击的地方进行加装。瓦尔德拿到的数据显示，平均每平方英尺$^{\ominus}$引擎上有 1.1 个弹孔，机

$\ominus$ 　 $1 ft^2 = 0.092\,903 m^2$。——编辑注

身有 1.73 个，油料系统有 1.55 个，其他部位有 1.8 个。看起来机身和其他部位更容易受到攻击，应该在这些地方加装装甲。但是瓦尔德给出的方案恰恰相反：应该加装中弹率较低的引擎等部位。他认为飞机各部位中弹的概率应该是一样的，为什么引擎上的弹孔会少？原因在于受到致命打击的飞机，没有成功返航，根本统计不到这些飞机的数据。

实际工作中也会犯类似错误，比如在回访我们自己的产品 A 的手机用户时，其中一个结论是用户较少关注处理器，如表 8-1 所示。如果我们根据这个结论规划下一代产品，不采用高端处理器的话，很有可能造成重大决策失误。用户不关注处理器这个结论，可能仅仅是我们回访的这款手机用户的特征，背后还有另外一个事实：真正关注处理器的用户买了竞品 B。我们看竞品 B 的用户在购买手机时对处理器的关注度明显高于产品 A 的用户。如果把这两方面的事实摆在一起看，我们还会做出不采用高端处理器的决策吗？所以，只回访自己关注的产品的用户，容易得出片面的结论。

表 8-1　不同用户在购买手机时看中的要素

看中的要素	产品 A 用户	竞品 B 用户
处理器	55%	81%
拍照功能	78%	84%
屏幕分辨率	68%	74%
运行内存	60%	72%
存储容量	56%	63%
外观	74%	68%
音频 / 视频表现	73%	80%

为了避免出现这个问题，我们在选取用户回访样本时应尽量包含以下几部分样本：

1）我们的产品用户群——购买或者使用了我们产品的用户。

2）对我们产品有一定兴趣的竞品用户群——曾经考虑过我们的产品，但是最终使用或者购买了竞品的用户。

3）对我们的产品没有兴趣的竞品用户群——完全没考虑过我们的产品，使用或者购买了竞品的用户。

只有涵盖这几部分用户的样本得出的对比数据，才能让我们更全面地看清用户全貌，从而为下一代产品的决策提供更具体的建议。例如，通过对比第一类和第二类用户，我们可以了解到用户考虑过我们的产品但是没有购买的原因；通过对第二类人群的了解，我们可以总结出如何做才能成功吸引这部分对我们的产品有一定兴趣的用户；通过对比第一类和第三类用户，我们可以看到两个用户群的核心差异在哪里，第三类人群的核心关注点是什么，对于第三类人群，我们是否有机会抓住他们，下一代产品到底是否要争取这部分用户。

定义清楚了要回访的用户之后，接下来一般采用定量问卷 + 定性深访相结合的方式进行回访。这些基础的方法在第 3 章都有详细介绍，这里不再赘述。

8.2　NPS 与满意度测评

NPS（Net Promoter Score，净推荐值）是通过询问用户是否愿意将产品、服务、品牌等推荐给亲朋好友，来了解用户主动推荐产品的意愿，是一种测量用户忠诚度的重要指标。它实际上衡量的是商家把顾客转变为品牌推荐者或者代言人的能力，毕竟只有用户自发传播、自发推荐的品牌和产品才有长久的生命力。

8.2.1　NPS 的由来

净推荐值中的"净"是什么意思呢？它是一个由两个数字相减而得出的"净值"。NPS 通过询问用户"你有多大可能将 ×× 产品推荐给你的亲朋好友？"，让用户自己从 0～10 分中选择一个数值，分数越高代表推荐度越强。统计分数时，将选择 9 分和 10 分的用户定义为推荐者，他们是品牌的忠诚粉丝，他们会向周围的朋友推荐，产品的好口碑更多是他们传出去的，而且他们更可能继续成为品牌的顾客，或者增加购买量。将选择 7 分和 8 分的用户定义为被动者，他们虽然对产品基本满意，但是推荐意愿不高，而且有可能被其他品牌吸引而"叛变"。将选择 0～6 分的用户定义为贬损者，他们对品牌不满意，产品的很多"负面口碑"主要是从这部分顾客中产生的，他们的流失率较高。在计算 NPS 的过程中，首先计算推荐者、被动者和贬损者三者的比例，用推荐者的比例减去贬损者的比例就是净推荐值。从这个计算公式也可以看出，NPS 是有可能为负数的。

NPS 最早是由贝恩咨询公司的弗雷德里克·雷赫德（Frederick Reichheld）提出的。他当初为什么会提出这个指标呢？或者说 NPS 为什么重要呢？起初雷赫德发现传统的满意度调查结果与企业的商业成功逐渐脱钩，导致企业高层根本不在乎结果，自然也无法产生相应动作，这样的调研意义不大，因此希望设计一个能与企业的商业成功直接挂钩的指标。接下来他针对六大产业（金融服务、电信、计算机、电商、汽车保险及网络服务提供商）的4000多名用户做了调查，采用多种问法了解用户的喜好度，如：你购买某个公司的产品或者服务的可能性有多大？你对产品的整体满意度如何？当然也包括 NPS 的问题。同时调查了用户过去的购买记录，如果用户推荐过其他人购买产品的话也会询问具体的细节。后面他又花了近一年的时间，搜集用户的实际购买和推荐行为，发现在绝大多数领域，"是否愿意推荐给朋友或者同事"这个问题的回答与用户行为的关联度最高。所以，他将这个 NPS 问题视为商业成功的"终极问题"（Ultimate Question）。

在雷赫德看来，NPS 不只是表面上我们看到的一个分数，分数背后还有更深层的含义与企业经营哲学。企业以赚取利润为目标，这是天经地义的，但是利润分为两种：不良利润和良性利润。这两种利润的区别在于，是关注公司与客户建立长期关系的同时获得利润，还是仅关注当下的利润。一方面，不良利润是指来自贬损者的利润，这部分用户感觉自己是上当受骗购买了产品；另一方面，不良利润也指企业通过持续营销或降价打折等方式，获得新用户和高转化，虽然短期可达成较好的财务指标，但要将这部分用户转化为推荐者是很难的。这部分用户容易被广告、价格所打动，当这些用户无法长期得到优惠满足时，可能会转化为贬损者。不良利润会削减公司的竞争力，掩盖问题，带来虚假繁荣。而良性利润，是指通过持续关注客户忠诚度，提升产品体验，让客户感受到产品和服务所带来的便利和愉悦感。这样的结果就是用户和产品同时成长。良性利润，是企业长期的、可持续的增长动力。所以 NPS 的高与低，也能在一定程度上反映公司看重的是良性利润还是不良利润。

通过前面的描述，我们可以看到 NPS 实际上是以品牌或者产品为维度进行衡量的，它可以作为一种企业内部的管理工具，从企业整体和产品维度上起到指挥棒作用，告诉我们优化改进的方向。具体来说，NPS 主要有以下作用：

1）从企业的维度来讲，品牌的 NPS 可以帮助企业找到差距，快速改进。通过长期追踪自己的产品和竞品的 NPS 趋势，可以观测 NPS 随时间的变化趋势。另外，可以加入一些定量或者定性的问题，例如询问用户对产品性能、服务水平、品牌宣传等维度的评分，找出用户在 NPS 上打高分或者打低分的原因，方便企业定位问题并及时改进。

2）从产品的维度来讲，某款产品的 NPS 能够帮我们看清楚产品的优劣。一个公司往往有多款产品，哪些产品的 NPS 分数高，哪些分数低，都可以通过追踪产品的 NPS 得分看清楚。我们还可以通过建立合理的维度分类（如产品易用性、外观美观度、可靠性等），让用户对每一个维度的表现进行打分，以便帮助我们更好地把握产品或者服务的长板与短板。

8.2.2　NPS 的实施与分析

NPS 问卷中最重要的问题当然是 NPS 问题，但是其他相关的问题也同样重要。一般来说 NPS 问卷包含以下几类问题：

1）用户的净推荐度，也就是 NPS 问题。

2）用户推荐或者不推荐的理由。用户推荐的理由可以帮我们找到产品长板，不推荐的理由可以帮助我们找到产品短板。

3）用户对各个细分维度的满意度。还是以手机举例，细分维度可能包括显示、续航、流畅性等。如果用户对某个细分维度不满意，还需要继续询问不满意的具体原因。例如，用户对流畅性不满意，我们可以进一步追问用户不满意的具体场景有哪些（如玩游戏时卡顿、打开 App 慢等），这样才能更好地帮助业务方了解问题进而解决问题。细分维度的具体指标需要与公司内部业务方对齐，后续可以建立 NPS 和各个细分维度的相关或者回归模型，找到影响 NPS 的最核心要素。

4）用户基本信息。这些信息可以帮助我们分析哪些用户的忠诚度高一些，哪些用户的忠诚度低一些。

NPS 数据分析维度主要涉及如下几个层次的应用：

1）分析品牌的 NPS 与满意度分数——帮助我们了解自己的品牌在众多竞品中的位置，以及品牌与竞品相比的强项和弱项。

2）分析产品的 NPS 与满意度分数——帮助我们了解不同产品的 NPS 分数差异，以及各个不同产品的强项和弱项。

3）根据 NPS 分数改进产品或者服务——通过分析用户打高分的原因和打低分的原因，找到影响 NPS 的关键问题，并做改进。

4）NPS 在不同人群中的差异——帮助我们了解不同人群 NPS 分数的差别，我们在哪类人群中有相对优势，在哪类人群中有相对劣势。

8.2.3　NPS 的局限性

不可否认，任何一个指标都不可避免地有一些缺点和局限，NPS 也是这样。

任何事情一旦被简化为一个指标，在执行过程中就会不断走样，尤其是我们把这个指标与部门或者门店的业绩进行挂钩时。如果我们拿这个指标去考核一线门店，对门店来说最便捷的方法不是提升体验和关心客户，而是千方百计地在用户那里"求好评"。我曾在某快餐店线下门店遇到过店员求打高分的情况，打完之后可以领券，同时为了奖励打高分，还会赠送一个小本子。这种本末倒置的做法确实可以在短期内"提升"NPS 分数，但也毫无疑问会失去 NPS 原本的意义，降低了分数的可信度。

对此，NPS 的创始人雷赫德 2021 年在文章" Net Promoter 3.0"中提出一些补救措施，更确切地说，他提出了一个新的指标来配合 NPS 分数一起使用，这个新指标被称作"赢得的增长率"（Earned Growth Rate），这部分增长主要是由回头客和其他人推荐而购买产品带来的增长。新指标主要是为了区分一个品牌或者产品的顾客是"赢得的顾客"（earned customer）还是"买来的顾客"（bought customer）。这需要我们对新顾客进行追问，如果他们是通过他人推荐而购买产品的，就属于"赢得的顾客"，如果他们是通过广告、促销活动而购买产品的，则属于"买来的顾客"。

如表 8-2 所示，从表面上看，公司 A 和公司 B 2020 年和 2021 年都实现了从 100 元到 130 元的营收增长，均增长了 30%。

但是如果我们细拆四部分人群贡献的收入情况，却大不相同。公司 A 赢得的新客增长多，用户留存和购买更多的情况也较多，而公司 B 正好相反，这直接导致了公司 A 赢得的增长率是 10%，公司 B 却是 −25%。很明显，公司 A 的增长是更稳健和良性的，而公司 B 的增长不健康。这里要稍加说明下，表中在计算新客和老客的四部分人群带来的增长百分比时，分子是 2021 年的每部分顾客带来的营收，分母是上一年的总营收。

表 8-2　A、B 两家公司的"赢得的增长率"

公司	2020年营收	2021年营收	新客		老客		赢得的增长率=①+③-100%
			赢得的新客增长①	买来的新客增长②	留存/购买更多③	流失/购买更少④	
公司 A	100	130	25%	20%	85%	−20%	10%
公司 B	100	130	10%	55%	65%	−30%	−25%

资料来源：根据《哈佛商业评论》的"Net Promoter 3.0"一文整理而来。

这个指标虽然能有效弥补 NPS 的不足，但是实际操作中难以执行。计算这个指标至少需要三步操作。

第一步是测算两年的营收及增长情况，这个比较容易计算。

第二步是记录四部分人群的来源。对于新客来说，要分清楚哪些顾客是"赢得的"（因为推荐或者品牌声誉购买），哪些顾客是"买来的"（通过广告、活动或者促销折扣购买）。但是实际上，我们很难区分"赢得的"和"买来的"顾客。有的公司通过让新的顾客填写问卷等方式了解每个新客的来源，但这并不是每家公司都能做到的。有的公司可以记录新客的来源，比如哪些是通过站外投广告进来的，哪些是自然进来的，这样也能够区分这两部分顾客。而对于老客来说，要区分哪些顾客是留存的或者升级购买更多的，哪些顾客是流失的或者降级购买更少的。留存或升级、流失或降级的顾客可以通过后台数据获取。

第三步是计算第二步中每部分顾客带来的收入百分比。当然第四部分是流失或者降级的顾客，对应的值应该是负值。

以上都计算好了之后，再用"赢得的新客户"营收百分比 +"留存或者购买更多客户"营收百分比 −100%，计算出来赢得的增长率。

由此可见，整个计算过程非常复杂，可实现性低。有时仅仅是一种理论或者思路，实际工作中难以贯彻下去。

8.2.4　NPS 调研的时机与对象

对于硬件类产品，调研时机对 NPS 分数的影响较大。这是因为，一般来说，在硬件使用早期，体验较好，问题较少，用户更愿意打高分。但是随着时间的推移，硬件产品体验变差，问题逐步显现，此时做调研，用户就会打较低的分数。所以对于硬件类的 NPS 测评，一定要注意时机，特别是我们在对比不同硬件的 NPS 分数时，要确保两种硬件设备的用户使用时间差不多，避免出现一个是新设备、一个是使用很久的设备的情况，此时两者的分数可比性会大大降低。

对于软件类产品，可以选择在用户注册后或者使用一段时间后进行调研，也可以选择在软件的重大版本升级后进行调研。

对于服务，如餐饮、零售等，一般 NPS 调研是在单次服务结束后进行，而且可以多次进行。像肯德基、麦当劳等快餐企业都会针对每次线上点餐的用户进行 NPS 调研。滴滴、美团等公司也会在单次服务结束后对用户进行调研。但是这种调研方式的问题不宜太多，2～3 个问题为宜。

为了更加全面地看问题，在条件允许的情况下，我们也需要对竞争品牌的产品进行相同的调研，以便对比我们的产品和竞品的优劣势。加入竞品对比的原因，与我们在 8.1 节中讲到的一样，这里不再赘述。

8.3　项目复盘

复盘是一种有效的自我提升的方法。当整个项目结束时，如果严格按照前面第 6 章到第 8 章的调研流程进行的话，实际上已经进行了多轮调研。我们需要总结下整个调研中好的做法和不好的做法，形成经验教训。复盘并不是每个用户研究人员都愿意去做的，在多数公司中项目一个接一个，大家疲于应付，无暇反思总结，但是它是一种比较好的自我成长方式，也是一种好的工作习惯和思维方式，建议在有精力的情况下一定要去做一下。

应该如何思考、复盘呢？主要通过向自己提问题，并且自己回答问题的方式进行。例如我们可以从如表 8-3 所示的方面问自己。

表 8-3　项目复盘自问问题

(一) 研究项目执行	● 全流程的用户研究在哪些环节中做得好？哪些地方做得还不够好？ ● 好的地方哪些可以传承下去？不好的地方如何进行改进？
(二) 与业务方的合作	● 如何与业务方合作，更好地提出研究问题？ ● 项目执行过程中如何更好地纳入业务方？ ● 项目成果落地中的问题有哪些？如何避免？
(三) 与产品和业务相关的问题	● 产品研发前所圈定的目标用户和上市后的实际用户是否一致？为什么出现了偏差？ ● 产品回访中的问题，在前期测试过程中有没有暴露？哪些暴露了？哪些没暴露？为什么？如何做才能更好地提前暴露问题？ ● 用户研究在产品全流程中起到的关键作用有哪些？哪些地方可以更好地发挥作用？ ● 全流程的调研中，哪些是需要后续强化做的？哪些是可以弱化甚至不做的？

　　复盘是一种自我思考的过程，也是一种自我反省和成长的过程。复盘完成后，可以形成一系列的优化改进清单，为后续项目中做好用户研究工作提供具体的策略，这样才能让复盘真正起到作用。

　　这里推荐使用 KISS 复盘法，它可以帮助我们更全面地梳理优化改进清单。KISS 是四个英文字母的开头：K（Keep，保持），I（Improve，改善），S（Start，开始），S（Stop，停止）。K 代表的是做得好的要传承，I 代表有的地方做得不够，需要强化，S（Start）代表需要增加一些好的措施，S（Stop）代表需要停止某些不好的措施。

　　以下是基于 KISS 复盘法形成的优化改进措施示例。

1）需要保持的动作（K）：

- 问卷编制时，选项设置遵循 MECE 原则，不重不漏。
- 问卷编制好之后，要找普通用户测试，看用户是否正确理解了问题。

2）需要改善的动作（I）：

- 如果是定性调研，需要提前确认好调研时间和安排，至少提前 1 天通知业务方。例如，在某次访谈前临时通知业务方，导致业务方无法协调时间参与访谈。

3）需要开始的动作（S）：

- 提前检查参与访谈的用户是否符合条件。例如，在某次访谈过程中发现有 3 个用户本身不符合调研条件，导致项目时间延误。

4）需要停止的动作（S）：

- 业务方在还没有考虑清楚研究目标和需求时，就启动了调研。例如，在某次调研中业务方在没想清楚的时候就启动了调研，做的过程中还不断提出新的需求，导致整个项目比较被动且调研效率不高。

| 第三篇 |

用户研究落地、沉淀与个人思考

第二篇讲的是围绕产品开发全流程，如何做各类研究项目。但用户研究真正要发挥作用，是需要将研究结果落到实处的，所以如何更好地落地始终是用户研究从业者面临的又一大挑战。

用户研究是由一个个项目构成的，所有的项目加在一起，会产生什么积累效果？这就是用户研究成果的沉淀。

本篇是整本书的最后一部分，是我个人对用户研究的一些思考、感悟，也试着针对用户研究这个行业的痛点问题做了一些解答，希望能引起大家的更多思考。

|第9章| C H A P T E R

用户研究成果落地与沉淀

用户研究成果是否能落地是这个行业能否在公司内存在的关键，只有落地了才能对公司的业务起到作用。而用户研究的沉淀，是一种研究结果的长期积累过程，做好这部分对公司有长期价值。

9.1 将调研结论转化为业务需求

用户研究的目的是解决业务问题，所以必须落地。调查就像"十月怀胎"，解决问题就像"一朝分娩"，这句话形象地说出了调查研究和解决问题之间的关系。真正使用用户研究结论的是业务方，例如管理层、产品经理、运营人员等。研究成果要落地，首先要让他们认同研究结论，其次要让他们产生行动，两点同时保证了，才能真正落地。那如何才能让他们认同研究结论？又如何能让他们产生行动呢？

从研究结论方面来看，主要有以下几点值得注意：

1）调研结论要尽量导向业务。我们虽然研究的是用户，但结论要尽量往业务上导入，甚至在问卷设计等环节都要考虑到。例如，我们要了解用户为什么不玩某款游戏产品了，如果单从用户角度了解，可能会这样设计问题选项：用户最近工作特别忙很少有时间玩，用户偶尔会去玩其他游戏，用户手机配置落后玩起来卡等。如果从这些方向去调研，得出来的结论会让业务方无计可施。但是如果我们从游戏本身角度增加一些调研选项，例如游戏太难升级没有成就感，游戏的角色设计不好看，得出的结论才能让业务方有着力点去改进。为什么我们看到一些顶级咨询公司的报告反而没有什么感觉呢？其中一个原因是其研究报告只是洞察视角，并没有结合我们的实际业务，无法针对每个具体的业务给出行动方案。

2）保证结论的可靠性。既然要落地，那么我们就需要把研究结论打磨得更加可靠，似是而非的、拿不准的结论不要放上去。对于研究结论中哪些是相对确定的，哪些是有待进一步搞清楚的，我们要心中有数。而且不仅要有结论，最好进一步分析为什么要这么做，如果听众继续追问问题的话，结论要能够经受住质疑。这涉及研究的方方面面，例如取样、数据分析、数据呈现、结论提炼等环节。说到底，这是一种研究口碑，听众愿意相信我们的数据和结论。我们作为研究人员可以视作一个品牌，而调研报告其实也是一个产品。从这个角度讲，如何做才能让读者更愿意相信，其实是需要我们思考的。把报告做规范、条理，本身就自带说服力。例如，当我们看到有些人做的数据图表没有写明样本量、问题是如何问的，甚至表格使用也不规范时，就会觉得他的这份报告不严谨、不可靠。

3）结论要简洁有力。即使研究结果复杂，也要用简单的、容易接受的语言去传达给别人。好的产品是简洁的，好的用户研究结论也必须是简洁的。我见过有的咨询公司把研究结果展现得异常复杂，乍看上去好像显得更加专业，但是如果别人理解起来都很难的话，又如何有动力去落实呢？要把简单留给别人，把复杂留给自己。当我们做完一个研究时，可以尝试着用3～5句话概括主要结论。至于更多、更细节的结论则是对这几句话的详细阐释。同样一份报告，可以1分钟讲完，也可以半小时讲完，还可以讲一上午，可繁可简。如果结论不够简洁，听众是很难有耐心听下去的。所以写报告的时候，不管报告多长，一定要在一开始通过1～2页把主要结论和发现先亮出来。读者如果有时间可以细读细看每一页，如果没时间则可以通过总结页获取主要信息。

4）多角度说明同一个问题，让研究结果更加可靠。如果我们的用户研究结果能够辅以其他数据相互印证，那么研究报告就会有更大的说服力。例如，当我们通过研究发现年轻用户更趋向于购买低价位手机时，最好也能通过已有的数据进行佐证。比如，通过移动或者QuestMobile的数据去看有多大比例的年轻用户在换机时购买了更便宜的手机。把研究数据和后台数据、行业数据放在一起看，能让研究结论落地更有动力。

9.2　推动结果落地

有时候业务方会认同我们的结论，但是往往只停留在认知层面，虽然达到了用户研究的最基础目标，但是没有产生行动的话，也就没有发挥出研究的最大效果。让业务方产生行动的策略举例如下：

1）通过向高层汇报，借力高层，拍板决策。这种策略适用于比较重大的事项，并非推动成果落地的常规路径。

2）与业务方一起讨论问题，解决问题。这个建议听上去很普通，但是它的反面我们很熟悉，就是这样一种工作习惯：用户研究人员闷头做研究，做完之后直接拿给业务方，让他们去落地实施。我见过很多研究人员，包括我自己，经常是这么做的，这样做完研究后，业务方会提出质疑，特别是在发现研究结论与他们的想法不一致时。为了避免这种情况，我们应尽量让业务方在研究过程中就参与进来，让他们切身感受到用户研究和业务是紧密相连的。在参与研究的过程中，业务方能够亲眼看到用户的真实需求和想法，这种亲身经历与单纯看调研报告的感觉是完全不一样的。通过这种方式，业务方更容易自己找到解决问题的方法，而不是我们推着他们去解决。当然，除了要求业务方参与研究外，作为用户研究人员，我们也要积极参与业务活动，与业务方共同讨论研究结果，一起寻找解决办法。

3）估算好落地所需的成本和预期收益，会更具有说服力。

如果我们想要推动业务方解决调研发现的用户痛点，可以多做一些分析以便更好地描述痛点带来的问题。比如，我们可以从后台数据中找出面临同样问题的用户大概有多少，这些用户面临的痛点和问题是什么，给业务带来了哪些伤害（如导致用户终止购买、终止使用等）。只有业务方感受到这些问题对业务带来的实际伤害，他们才会更有动力采取措施去改进。再如，我们可以利用回归模型等工具预测某个重要维度的满意度提高 1 分，能让整体满意度提升多少，进而能给业务带来多少营收，即通过未来的愿景刺激业务方采取行动。如果我们能论证出用户需求实现后的效果和收益，也会更有力地推动成果落地。用户研究关注用户需求，但是业务方关注的往往是商业价值，所以当我们从用户视角来说服他们的时候需要将用户需求翻译为商业价值。Nielsen Norman 集团给出了一种说服他人的模板：如果我们能够创造_____（某种体验），就会解决_____问题（用户痛点或者需求）。为了实现这个目标，我们需要_____（内部资源），预计带来的结果是_____（价值或商业结果）。例如，我们可以举出这样一个案例：

如果我们将注册页面流程优化得更流畅一些，就会解决用户注册时很耗时间、中途退出流失等问题。为了实现这个目标，我们需要投入 20 人日的研发资源、2 人日的设计资源，预计带来的结果是用户注册成功率提升 20%，注册时间将由现在的平均 30s 降低到 15s，每个月多带来 2500 个新增注册用户。

有时候研究落地是一个循序渐进、先易后难的过程，先摘低垂的果实再摘高处的果实。一般来说，调研发现的用户痛点相对容易改进和落地，因为改进问题具备天然的正当性。但是如果要满足用户的新需求，就会相对难一些，特别是满足这些需求的投入产出比不明确的时候。这时候也许只能一步步来，先从容易落地的做起，再推动较难的事情。

作为用户研究人员，我们天然拥有的是用户视角。但是业务部门的决策则不一样，要考虑的要素实在太多。当我们的结论可靠、准确的时候，如何保证落地就演变为用户视角和其他视角的博弈过程，说到底就是：用户需求有多重要？其他方面的视角有多重要？对这些问题的考量才是用户研究落地难的症结所在。

从用户洞察到业务落地的过程并非一帆风顺，因为业务决策是一个非常复杂的过程，需要考虑的要素也多。用户研究的成果难以落地的原因主要有以下几方面。

- 面临难以攻克的技术问题：以智能手机为例，众所周知，提升续航时间一直是用户需求，续航时间短是最大的痛点之一，虽然需求明确，但是一直没有很好地解决这个问题，只在快速充电以及省电方面采取了一些间接的优化措施。
- 面临多方因素的平衡和考量：依然以智能手机续航为例，可以通过加大电池容量来解决问题，但是这意味着手机变厚，而用户同样对手机的厚度有需求，不会接受一个非常厚重的手机。所以电池和手机厚度之间形成了一组矛盾点，业务方只能在其中找平衡。在实际业务中，我们面临很多这样的矛盾，例如识别速度和准确率之间的矛盾，显示和续航之间的矛盾，运费和快递速度之间的矛盾，价格和配置之间的矛盾，等等，这类决策需要较多的平衡。在这些情况下，我们解决一个问题、满足一个需求，往往会带来另外的问题，在这个过程中，要想找一个最优解，需要通盘考虑，非常考验决策方的决策能力。

- 面临优先级的问题：业务方往往有自己的节奏和规划，如果我们调研发现的问题和需求不在业务方的优先事项中，也会导致落地困难。

9.3 用户研究沉淀

如何将我们所有的调研形成一种合力，从而帮公司实现研究价值的最大化？如何把个人的经验教训沉淀下来形成组织的能力和智慧？这是接下来试图要回答的问题。

9.3.1 用户需求库

我们平时做调研，完成汇报，梳理完落地措施后，往往就结束了，这是一种巨大的资源浪费，因为很难将调研结果转化为可供后续使用的沉淀。调研过后应该如何汇总调研结果，以便形成积累效果呢？

国外有几家公司的做法值得借鉴。它们建立了一个类似于用户体验库的平台，每次调研结束后，它们将收集到的用户需求和体验分门别类地整理到这个库里。这样，无论是在进行新的调研还是改进产品或服务，都可以随时查阅这些积累的用户反馈和需求，为决策提供有力的支持。Microsoft、WeWork 和 Uber 的用户研究人员均建立了自己的用户体验库。以 Uber 为例，它将每一条用户反馈都按照如图 9-1 所示的格式进行整理。

图 9-1　Uber 用户体验库样式

假设我们通过调研获取到这样一条洞察：开罗的 Uber 巴士司机的工作时间超过他们的排班时间，因为他们在排班结束前 20～30 分钟还在接受订单，这样往往导致他们比排班时间多工作一小时。这时候我们可以按照如下格式录入信息：

- Who——描述用户或者用户类别（Uber 的巴士司机）。
- Where——描述发生地点（开罗）。
- What——描述行为、事件或者情景（工作时间超过排班时间）。
- Why——描述时间或者行为的原因（在排班结束前 20～30 分钟还在接受订单）。

当然，以上是 Uber 的用户体验库录入格式，实际上，每个公司都可以根据自己的业务情况进行调整，而不必拘泥于这种形式。

这样将每次调研发现的用户体验、需求和痛点都录入进去，就会形成一个庞大的用户行为数据库，这个平台实际上是将用户洞察的生产者（如用户研究人员、市场调查人员）和用户洞察的消费者（可以是产品经理、市场人员、公司管理层、运营人员等需要用户洞察的人）联系起来，前者持续不断地输入用户洞察，后者则根据自己的需要查询、调用合适的洞察内容辅助决策。经年累月，这样一个动态成长的系统对公司的意义巨大，它将使我们站在巨人的肩膀上不断地将研究深入下去，否则企业可能会面临重复进行简单且重复的用户研究课题的情况，因为之前的积累没有形成任何沉淀。

用户体验库建立起来后，如何使用呢？前面提到，Microsoft 建立了自己的用户体验库，如果有产品经理想了解推送通知会不会造成用户的分心，可以去用户体验库里搜索 notification（通知）这个关键词，看用户的具体反馈，如图 9-2 所示，结果一目了然，非常有利于辅助决策。

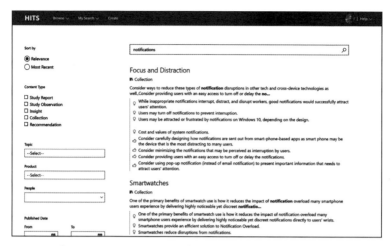

注　在微软的用户体验库里，搜索"notification"，会显示历次调研中用户
对"notification"的反馈。

图 9-2　微软的用户体验库

这是一种将零散的发现进行系统整理、系统归档的方法。我
们不仅可以在用户研究中做这样的整理，也可以将我们所了解的
知识、所看的书、所感悟到的内容系统地整理出来，避免这些内
容看完就忘、感悟完就消失，也许这也是一种整理自我知识的好
方法。

用户研究体验库建立好之后，它的应用场景是多方面的。

- 建立基础用户认知：不管是用户研究从业者还是业务方，
  用户体验库都可以帮助他们建立基础的用户认知。假设
  你是一个刚入职的手机相册产品经理，需要了解用户对
  相册产品的需求。这时候如果已经有了用户需求库，且
  可以方便地查询到以往研究中用户对于相册的使用痛点、

爽点和需求，那么你就可以通过需求库对用户需求有初步了解，尽快进入工作状态。

- 产品需求的重要来源：用户需求是重要的产品规划需求来源，作为产品经理或者业务方，可以定期从用户体验库中找出一定时期内用户对某个功能的需求，进行用户需求评审，评出需求优先级。

- 为深入调研提供输入：当我们接到某个调研项目需求时，可以先看看以往调研中用户是怎么说的，有哪些需求，有哪些问题以往调研中没有回答得特别清楚，然后针对这些问题更加深入地做调研。否则，我们做调研就是不断地在原地重复。

9.3.2　原始数据积累与二次分析

为了更好地利用调研数据进行二次分析，得出我们想要的分析结论，有必要建立原始数据积累平台。这样还有一个好处：对不同时期的同一类问题进行分析，有助于我们从用户研究的角度发现趋势。例如，假设我们是游戏公司的用户研究人员，每个季度调研中都包含这样一个问题：用户最喜欢玩的游戏有哪些？把几年的结果合并起来，我们就能看到一些趋势性的变化，这样更有利于把握用户需求。

建立原始数据积累平台的前提是调研要按照标准化的要求来设置问卷。还是以上述调研用户最喜欢的游戏为例，假设调研 A 和调研 B 中的选项设置不一样，这两份调研数据即使放在一起，我们也无法合并起来看趋势。所以，企业内部调研中的问题要有标准化的问法和选项，这样调研内容才可以合并。建立数据积累平台的主要步骤如下：

1）建立标准问题库，根据企业需求，在一定时期内标准化所有的问题和答案，后续调研中可以直接沿用标准问题库中的问题。标准问题库中既包含像年龄段、性别、用户收入、职业等标准问题，也包含其他大部分调研中都需要问的共性问题，比如用户购买时考虑的要素、用户购买时对比的品牌、用户的满意度评分等。这里最关键的是要统一，问题的问法和选项都要保持统一，如果不统一，后续所有的数据将无法合并分析。

2）将不同调研中的问题进行合并整理，同时增加一个调研时间或者调研主题字段，这样我们既可以将调研问题合并起来分析，也可以从不同时段看趋势性问题。

3）根据需求分析数据。例如我们想分析过去两年用户对不同品牌的关注程度，可以直接从数据库里面把数据提取出来分析。

9.3.3　用户研究经验沉淀

我们每个人在做项目的过程中都会有一些经验或者教训，如何更好地帮助整个研究团队避坑、提效，就需要我们进行经验沉淀。

可以根据公司的实际情况，总结出一系列操作（收集研究问题、设计研究方案、编辑问卷、投放问卷、数据清洗和数据分析、结果展现等）指南或检查清单，如果把每个环节都梳理出来，可能有上百个子环节，这些沉淀对整个团队来说有巨大的价值。以数据清洗为例，我们可以沉淀成标准，每个用户研究人员收集完数据后都可以按照标准流程去做，不必自己再去想还有哪些角度没考虑到位，或者再去查阅各种资料看如何进行数据清洗了。

我们也可以按照项目类型进行经验沉淀，例如用户流失类研究应该如何做、可用性测试类研究应该如何做、卡诺测试应该如何做，等等，把在公司内常用的研究类型操作指南总结出来，也是一种经验沉淀思路。

9.3.4　用户研究文化建设

用户研究绝不是公司内部几个用户研究人员的事情，而是所有人的事情。为什么这样说呢？就像前面提到的那样，你服务的对象就是你的用户，每个岗位都有自己的用户，任何一个环节、场景都需要从用户角度考虑问题。我们可以想象一下这样的场景：

用户走在路边，远远地看到了苹果体验店大大的 logo，于是打算进去看一看新发布的 iPhone。但是他走到门口发现里面人太多了，需要在门口排队等待才能进去。10 分钟后，他终于进店了。他拿起手机仔细看了下外形，玩了一局游戏，拍了两张照片，并向店员咨询了分期付款免手续费的相关事宜。在对比了官网价格后，他发现门店价格与官网价格一致。虽然有的网站的价格更为诱人，但他出于对产品质量的考虑，最终还是决定在门店下单购买。

这样一个全程体验，用户至少接触到了如下模块：线下门店设计、外观材质、游戏和拍照 App、门店服务流程、官方网站、现场购机流程、付款流程。虽然这些流程都是同一个用户在体验，但是我们可以把这个自然用户"分裂"为：走在路边被苹果门店吸引的用户，体验外观的用户，游戏用户，拍照用户，有问题问店员的用户，官网用户，购机和付款用户等。相应地，用户体验到了各个岗位上创造的产品：线下门店设计师设计的门店，ID 设计师设计的外观，官网产品经理打造的官方网站，等等。在一个公司内部，不敢说 100% 的人，但是绝对可以说大部分人都是在为各自的用户工作，实际工作中的每一个细小环节都要考虑用户的感受，且需要时时考虑：如何做才能对用户更友好？扫地机器人品牌云鲸的创始人张峻彬说过："工程师如果只是一个执行者，是不够的。研发产品的过程中有很多细节是跟用户相关的。比如一个按键，怎么按下去用户是舒服的，这些东西很难在产品定义里讲得特别清楚，工程师除了技术能力强，还需要具备共情能力，这样才能把东西做好。"

用户研究人员无法事无巨细地帮助每个业务人员针对每一个细节做用户研究，只能依靠每个岗位自己去思考、去行动，甚至去做调研。我认为用户研究的终极状态是这样的：公司内部人人都能够做用户研究，人人都可以从用户那里学到更多，并且运用到自己的业务中。用户研究将变成每个人的基础技能。

实际上，不仅仅是用户研究技能，很多技能都会经历这样逐步"全民化"的过程。比如，随着各行各业数字化程度的提升，数据分析能力已经逐渐成为职场人的必备能力。产品经理、研发人员、运营人员、设计师甚至 HR 都需要关注、分析和利用数据。由于数据不断呈现井喷式增长，单纯依靠数据分析人员已经无法满足需求，因此，各个岗位都需要自己去关注数据、用好数据。

与上文提到的数据分析能力一样，我相信用户研究早晚也会变成每个职场人都需要的能力。只有这样，研究出来的产品才能在方方面面满足用户需求。

对于大部分企业来说，一种比较理想的状态是这样的：每个人都掌握一些用户研究的技巧和能力，当自己有疑问需要找用户聊的时候，自己去接触用户，通过调研获取一手资料。大家不要觉得调研是在浪费时间，或者说不是自己的职责。《在你身边，为你设计》一书中有这么一句话："研究不是一个职业，而是一种态度。"我深表赞同。

那么，在理想状态下，用户研究人员就没有存在的空间了吗？其实并非如此绝对。我认为，用户研究人员的重要使命在于帮助企业建立用户研究思维和文化，培训基本的用户研究技能，以及建立与用户研究相关的规则。完成这些任务并不简单。如果企业已经有了用户研究文化和思维，普及了用户研究技能，建立了完善的规则，有了很好的沉淀，那么用户研究人员就可以功成身退，转而为其他公司开拓新的领域了。

第 10 章 | CHAPTER

关于用户研究的个人思考

职场人不管在哪个岗位上，都面临很多问题或者疑惑，用户研究人员也不例外，本章是我的一些个人思考。我认为问题比答案更重要，所以希望读者把重点放在问题上，我个人的回答和思考则可以随心一看，关键是你要对这些问题有自己的思考。也欢迎大家通过邮件（liuhuax@foxmail.com）与我沟通。

10.1 个人提升与成长

10.1.1 用户研究领域好书推荐

任何一本书能带给我们的启发都是有限的，一本书中能有几个点、几句话对我们有用，就已经很不错了，所以只有多读书才能够一点点提升。这里是我的推荐的书单。

1. 数据收集与分析类书籍

1）《市场研究实务与方法》——详细介绍了各种调研方法，以及每种调研方法的适用条件。

2）《市场研究与应用》——同名的书籍有好几本，这本是刘德寰主编的。书中介绍了市场研究中常用的资料收集和数据分析方法，很多可以直接用到用户研究中。

3）《SPSS 统计分析基础教程》《SPSS 统计分析高级教程》——作者张文彤，教你如何一步步用 SPSS 进行统计分析，同时也有对统计相关原理的讲解。

4）《市场研究中的统计分析方法：专题篇》——一本主要讲解高级统计方法的书籍，非常详细、实用。

5）《用户体验度量》——主要讲可用性相关的统计原理与方法，优点是讲得很清楚，能让你了解统计背后的原理，缺点是没有结合软件实操。

6）《统计学的世界》——分上下两册，对统计学的相关原理和知识的讲解比较透彻。

7）《赤裸裸的统计学》——如何才能不被数据迷惑，这本书可以给我们一些启发。

8）《统计数据会说谎》——这是一本批判性思维很强的书，主要告诉我们如何才能在数据分析中避坑。

9）《质的研究方法与社会科学研究》——系统介绍定性数据收集和数据分析的一本书，很经典，值得一看。

2. 思维训练与视野拓展类书籍

拓展类的书籍比较多，比较杂，我这里列举一些对我影响比较大的书籍。

1）《匹配度：打通产品与用户需求》——作者是从事用户体验和研究的行业老手，对于如何探寻和挖掘用户需求这个主题，有很多好的实践经验。

2）《需求：缔造伟大商业传奇的根本力量》——书中有关定性研究和分析的方法及思路值得参考、借鉴。

3）《痛点：挖掘小数据满足用户需求》——告诉我们如何通过小样本获取不为人知的洞察。

4）《用户思维＋：好产品让用户为自己尖叫》——我们所做的产品，对于用户的终极意义在于让用户变成更好的自己，从"用户用我们的产品会不会让自己感觉更好？""会不会为自己尖叫？"这样的高度看产品能够提升思维层次。

5）《卖什么都是卖体验》——这本书的标题比内容更有启发性，确实，不管你卖什么产品里面必然包含了体验部分，而且这部分越来越重要，因为价格、质量、功能等越来越趋同，而体验却可以做出自己的风格。本书主要讲述在服务行业中的用户体验法则。

6）《学会提问》——如何使用批判性思维？这种批判性思维用到调研中，可以让调研结论更加严谨，也可以让我们批判性地看待每一份报告、每一个结论。

7）《菊与刀》——如何研究一个民族，对于跨文化研究有一定启发。

8）《乡土中国》《私人生活的变革》——两本书可以结合看，都是从一个村庄的角度描述中国特定时期的经济或者亲密关系。

9）《实践论》——文中对感性资料进行去粗取精、去伪存真、由此及彼、由表及里的分析方法对我很有启发。

10）《系统之美：决策者的系统思考》——帮我们更准确地把握事物的本质，进行系统思考。

11）《事实：用数据思考，避免情绪化决策》——即使是行业专家也无法准确了解一些基本事实。而如果我们搞不清楚基本事实，决策质量就会堪忧。这本书教我们如何弄清楚重要的基本事实。

12）《信息背后的信息》——书名不错，因为其中包含了一个很重要的问题：我们不能只看得到的信息，还要挖掘信息背后的信息，这正是提升用户研究深度的重要思路。不过这本书的内容一般，可略读。

13）《消费者行为学》（周欣悦主编）——这本书全面分析了影响消费者消费行为的内在因素（如需要、动机、感觉、知觉和记忆等）和外在因素（如文化、价值观、群体、家庭等）。

14）《顾客为什么购买》——本书主要讲述作者在零售领域进行线下观察的结论，但是透过这本书我们可以学到如何进行线下观察。

15）《昆虫记》《植物私生活》——开个脑洞：如果人类不会说话，我们可以怎样研究用户呢？这正是动物和植物研究中面临的问题，从这两本书中可以学到观察和实验的技巧，两本书的作者的文笔都不错，可以让我们轻松地领略到观察和实验如何帮助研究者得出结论。

16）《赢在用户》——这本书主要讲述人物角色这个主题。

17）《精益创业：新创企业的成长思维》（作者是 Eric Ries）——初创企业和小微企业应该如何进行创业？这是这本书回答的问题。当然里面也包含了非常多快速通过用户研究验证想法的方法和精彩案例。

18）《结构思考力》——如何更好地展现调研成果，如何讲清楚调研内容，这本书可以给我们提供一定指导。

3. 培养产品感、设计感、营销等书籍

1）《俞军产品方法论》——作者对产品、用户、体验的理解都比较深刻，有自己的原创思想，值得一读。

2）《疯传：让你的产品、思想、行为像病毒一样入侵》——正如标题描述的那样，对于产品如何才能做到口口相传，这本书可以带来一些启发。

3）《点石成金：访客至上的 Web 和移动可用性设计秘笈》——更喜欢这本书的英文名字 Don't Make Me Think，很多产品经理已经将其内化为做产品的习惯。

4）《人人都是产品经理》——阿里前产品经理苏杰写的图书系列，有的针对初级产品经理，有的针对泛产品经理。理论和实例都非常丰富。

5）《用户体验要素：以用户为中心的产品设计》——提出了用户体验的五个层次：战略层、范围层、结构层、框架层和表现层，特别是作者把战略层的思考（为什么做这个产品？我们要通过产品帮助用户实现什么？）也作为用户体验的一部分，对用户体验的理解也比较全面。

6）《行为设计学：打造峰值体验》——一本充分将卡尼曼的峰终定律应用在产品设计、服务设计领域的书籍。

7）《让创意更有黏性》——这本书讲述让创意更好地植入人脑的六大法则：简单、意外、具体、可信、情感、故事。这本书的新版改了名字，叫作《行为设计学：让创意更有黏性》。

8）《上瘾：让用户养成使用习惯的四大产品逻辑》——喜欢上一个产品的过程，就是跟产品"谈恋爱"的过程。作者讲述了用户喜欢上产品的几大环节：触发－行动－多变的奖赏－投入，提供了一个让用户喜欢某个产品的思考框架。

9）《情感驱动》——人在购物时到底受理性还是感性力量支配？这本书给出了明确的观点，对研究消费者的购买行为有参考价值。

10）《设计心理学》——唐纳德·诺曼的经典书籍，一共四册，四个主题分别是：日常的设计、与复杂共处、情感设计、未来设计。

11）《About Face 4：交互设计精髓》——一本很好地结合了用户研究和交互设计的书籍，值得一读。

12）《福格行为模型》——这是一本教你如何养成习惯的书籍，讲述了习惯行为背后的三大要素：动机（motivation）、能力（ability）和提示（prompt）。很多 App 为了让用户养成使用习惯，也在用这些要素悄无声息地影响用户的行为。

13）《社会性动物》《文化性动物》《乌合之众》《社会心理学》——人不是孤零零、离群索居的个体，而是生活在社会中，受社会文化的影响。这几本书可以加强我们对人性的理解。前两本书都是华东师范大学出版的翻译书籍，第三本书大家可能比较熟悉，建议再读读，我在做焦点小组访谈的时候能很深刻地体会到个人观点受群体的影响。与第四本书重名的书可能比较多，我想推荐的这本是人民邮电出版社翻译出版的，作者是戴维·迈尔斯，目前已经出版到第 11 版。

4. 创新思维类书籍

1）《创新者的任务》——用户为什么购买和使用产品？用户是为了通过产品的购买和使用完成自己的任务，实现自己的目标。围绕用户的目标和任务进行产品创新和迭代，成功率才能更高。

2）《颠覆性思维：想别人所未想，做别人所未做》——教我们如何打破常规，遵循 5 步操作，产生颠覆性创意和想法。

3）《创造突破性产品》——拓宽视角，帮我们从社会、经济、技术等宏观层面洞察用户，思路有一定借鉴性。

5. 杂书类

当你有一颗做研究的心，看杂书也会让自己收获颇丰。怎么才是有一颗做研究的心呢？我认为就是看到任何内容都要想一想，对自己的工作有什么启发。举 2 个我在读杂书时的感悟。

观察和体验能力是用户研究人员应该具备的能力。在这方面，我们可以向文学家学习，因为优秀的文学家通常都是敏锐的观察家和生活体验家。以曹雪芹为例，他在《红楼梦》中描述了非常多的人物，从达官贵族到市井小人等。他既能将薛蟠的鄙俗粗野写得入木三分，也能把林黛玉的柔弱、细腻、敏感写得栩栩如生。他生在钟鸣鼎食之家，能写好贵族生活和人物并不意外。

同时他也能把仆人和农村妇女（如焦大、刘姥姥）刻画得如此生动，且作为一个男性能如此细腻地描绘女性角色，可见他对每个人物角色的观察、思考、体悟之深，以及强大的感同身受和移情能力。

那么，文学家是如何观察世界的呢？他们有没有一些"独门秘籍"可以迁移到用户研究中呢？这也是我一直在思考的，但是还没有找到特别好的答案。

再比如，有一本书叫《如何阅读一本书》，里面提到了阅读的四个层次，大部分人在第一层和第二层，很少有人可以进入更高层次。读书和读懂用户有没有共性呢？我认为有的，一个用户就是一本无字的书。我们经常说要读懂用户，那能不能与读书的层次对照下，我们在读懂用户这件事情上处于什么层次呢？如果层次比较低，如何借鉴读书的层次提升我们读懂用户的水平？

有人说读书就要读经典好书，我并不完全赞同。一些写得不太好的书大家也可以看看，当作者写得不好、不对或者不全面时，我们会去跟作者"辩论"，纠正他的观点，进行更多的思考。那些被奉为经典的书籍在无形之中会给我们一种不容置疑的暗示，使得我们在看书的时候无意识地关闭了"批判性思考"的视角，这样就把书读死了，不利于进一步思考。所以建议大家批判地看书，把书当作促进我们思考的工具和助手。

10.1.2　用户研究人员可以关注的杂志与网站

用户研究说到底还是一种研究，所以学术研究成果对我们的工作是有启发作用的。以下推荐的学术杂志的学术性都很强，建议大家看杂志的时候可以先浏览下目录，寻找自己感兴趣的研究，看一看对工作是否有启发。

1）*Human Factors: The Journal of the Human Factors and Ergonomics Society*——这本杂志比较关注可用性和用户体验。

2）*Journal of Consumer Research*——消费者行为、态度研究类专业杂志。

3）*Journal of Marketing Research*——市场营销类专业杂志。

4）《哈佛商业评论》（Harvard Business Review）——目前国内已有中文版，上面有很多发人深省的文章，值得一读。

5）《经济学人》（The Economist）——英文版读起来相对晦涩，可以选一些自己感兴趣的内容读一下。另外，《经济学人》的图表做得非常好，可以多学习下。

6）《三联生活周刊》——虽然这是一本以生活为主的刊物，但是商业源于生活，有时也会发现一些很好的洞察。

7）《第一财经》——时政性的财经新闻比较多，没有太多专业术语，大家都可以看得懂，是一本开阔视野的读物。

另外，也可以适当关注一些心理学期刊，如：*Journal of Experimental Psychology: Applied*、*Journal of Personality and Social Psychology*、*Psychological Science* 等。

用户研究行业内的网站和博客主要包括 UX Booth、UX matters、UX Hack。还有一个网站值得推荐——medium.com，有大量的用户研究和用户体验从业者在这个网站上写自己的工作体会和想法。这是一个综合网站，在里面搜索 user research

或者 user experience 等才能找到我们感兴趣的内容。根据 User Interviews 的调查，有 75% 的用户体验从业者通过这个网站了解行业最新动态。

一些研究咨询公司或者专业杂志也会有一些启发性很强的博客或者内容。例如：Nielsen Norman Group 公司的官网（www.nngroup.com）、IDEO 公司的博客（https://www.ideo.com/blog）。

10.1.3 用户研究人员如何训练自己的洞察力

我认为洞察力这种能力需要一定的天分和努力才能培养出来。但是如何努力才能精进洞察力呢？可以有意识地去做三件事情：不断读书、多多体验和持续思考。

书是激发思考的工具。比如《乌合之众》一书中有这样一句发人深省的话："在与理性冲突中，感性从未失手。"这句话深刻地揭示了当感性和理性有冲突的时候，人们往往服从于感性。这个观点具有很强的解释力，能够帮助我们洞察很多现象背后的原因。很多产品经理感到很困惑，自己的产品物美价廉，为什么消费者就是不用、不买？这时候不妨看看消费者从情感上对产品的评价如何。如果我们对情感力量一无所知，就难以理解消费者的消费行为。这也提示我们，在研究消费者时不但要从理性的角度看用户如何决策，更要从情感的角度探究影响他们的因素。一句简短有力的话就可以激发我们的思考，可见读书的"性价比"之高。

多体验就是在业务领域中多去实际体验产品，包括我们自己

的产品和竞品。好的竞品是我们学习的对象，不好的竞品则可以
辅助我们思考如何做才能避免出现类似问题。只有产品用多了，
才能保持对业务的敏感性，而这种敏感性能让我们察觉到一些细
微的不同和变化趋势。如图 10-1 所示，苹果的操作系统一直在
变化，同样是浏览器，为什么 iOS 14 把地址栏放在顶部，iOS 15
又把地址栏放在了底部？这样做是为了解决什么用户痛点？满足
什么用户需求？按照这样的逻辑去思考，后续产品应该如何演
化？我们从中可以学到什么？弄清楚这些对于一个手机行业的研
究人员来说是十分有意义的。

a）iOS 14　　　　　　　　b）iOS 15

图 10-1　iOS 14 和 iOS 15 的浏览器对比

　　持续思考的方法之一就是多问自己问题，自己去找答案，在
找答案的过程中你就能逐步提升洞察力。比如在用户访谈中，为
什么有的用户说的话前后不一致？哪个更可信？有时候，用户只

是随口一说，仅仅是由于我们问了问题，他需要做出回应而说出来的，要注意区分用户是认真回答还是草率回答。此外，在生活中遇到问题时我们也可以多问问自己。比如你有拖延症，可以问自己为什么有拖延症？什么情况下会拖延？什么情况下不会拖延？以此增进对自己的了解和洞察。

10.1.4　用户研究的层次

任何一个行业都分层次，不同层次反映的是不同的境界。用户研究也不例外。我认为用户研究至少分为三个层次。

第一层次：搞清楚事实，完整、清晰、准确地讲清楚我们的发现。要达到这一层面，需要具备基本的用户研究能力。这种类型的用户研究可以指导产品开发中某个环节的决策。

第二层次：通过探索相关关系、因果关系等，发现一些普遍存在的规律和规则。这需要有较强的总结概括能力，这样的结论可以指导一个领域的决策，比如电商领域、手机领域，具有一定通用性。

第三层次：基于用户研究，制定行业标准或者规范，例如《顾客为什么购买》中关于线下零售的标准和规范，Nielsen 关于可用性的十大原则。这种研究需要我们具有理论创新、制定规范的能力，以及较高的概括和提炼水平，得出的研究成果可以指导整个公司或者行业的发展。

目前我所接触到的大部分用户研究都是在第一层次和第二层次的研究，很少能做到第三层次。但是我觉得第三层次应该是业内人士共同努力的方向。

10.2　用户研究工作中的痛点

10.2.1　汇报结论时，当别人说"我朋友就不是这样的"，该如何回应

　　这个现象是存在的。我们所有的结论只是一种大概率发生的事情。当我们说男性用户比女性用户对某款产品的满意度分数更高时，这个结论的确切含义是：男性用户的满意度平均值比女性用户的高，且大概率男性用户比女性用户对产品的满意度更高，但不是 100% 的情况。这是一个整体的结论，也意味着我们不能单独拿出某几个案例孤立地去看。如表 10-1 所示，尽管整体上男性用户评分更高，而且我们假定男性用户评分显著高于女性用户评分。但当我们查看原始数据时，可以发现有的女性用户评分反而比男性用户评分高，例如 1 号女性用户打了 8.5 分，10 号男性用户打了 8.3 分，12 号男性用户打了 7.1 分，如果我们只对比 1 号、10 号和 12 号用户的评分，会发现结果跟整体结论不符。

表 10-1　男性用户与女性用户对同一款产品的满意度评分

用户 ID	女性用户评分	用户 ID	男性用户评分
1	8.5	10	8.3
2	8.0	11	8.8
3	7.5	12	7.1
4	6.8	13	7.8
5	7.7	14	7.8

（续）

用户 ID	女性用户评分	用户 ID	男性用户评分
6	7.5	15	8.0
7	7.2	16	8.3
8	8.0	17	7.5
9	7.8	18	7.9
平均数	7.7	平均数	7.9

所以这里最大的问题在于大家对个案和整体统计结果的理解有误，统计是对整体进行总结，还原到个案就可能出现问题。换句话说，整体上的结论只能整体去理解，不能还原到一个个具体的用户去理解。

10.2.2 挖掘用户需求都是业务已知的，怎么办

公司的老板、产品经理等在长期工作中对用户有一定了解再正常不过，如果你做的调研跟他们的理解一致，两者没有出现大的偏差，至少说明调研的结论大概率是可靠的。但是停留在这个层次的用户研究的意义并不是特别大，需要进一步突破，有几个方向供你参考。

数据上深挖一步。举个例子，假设公司的产品销量下跌，是因为用户对产品有很多抱怨，不再重复购买了。这样的结论老板肯定知道，做调研也会得出这样的结论。如果只停留在这一步，就会出现上面说的困境。此时做调研，要从数据上回答用户不满意的点具体在哪里，哪些是导致用户离开的最关键因素，哪些是可以改变的，哪些是不可以改变的，如何做改变调整才能减少用

户离开，是不是还有一部分用户对产品还是满意的，这部分用户有什么特点，以及值不值得为这部分用户单独开发产品，只有这样一步步深入下去，调研才是有价值的。

如果调研结论实在普通而且无法深入，这时可以为业务方多思考一步。用户研究不是目的，而是解决问题的手段。司空见惯、众人皆知的用户研究结论也能够产出好的解决方案。举个例子，前几年大家都喜欢宅在家里，很少出门，这个结论够普通、够众人皆知了吧。你可以想一下这个结论对餐饮、零售、电影、娱乐行业都有一些什么影响。实际上近几年，各行各业都根据这样的现状及自身业务状况制定了很多好的解决方案并做出了调整。行业现状 + 研究结论经过你的思考，会产生解决问题的方案。

10.2.3　用户研究就是跟用户聊聊天、发下问卷，看上去很简单，是这样吗

确实，用户研究可以很简单。从某种角度来说，我们每个人都可以是用户研究员。例如，我之前走访过一个街边报刊亭的摊主，他非常了解这条街的顾客喜欢抽什么档次的香烟，看什么样的报刊杂志，他会根据这些偏好去进货，这就是一种很好的用户研究，而且把研究成果落地并实施了。很多小商贩之所以能够持续经营下去，靠的就是这种对周边用户的洞察，研究用户更像是他们的生存之道。可见，人人都可以做用户研究，这是用户研究简单的一面。

同时，用户研究又相当难。老子说：知人者智，自知者明。

首先，用户研究是要让用户表达自己的想法、观点、行为，这就要求用户能够"自知"，对于用户来说，这种要求是很高的。顶级的产品经理，如乔布斯、张小龙都认为用户并不了解自己的需求，不主张通过调研来挖掘需求。用户不"自知"，并不是说用户无法表达自己的观点和想法，而是指更深层的两方面含义：一方面，用户所说所想并非恒常不变，而是时刻都在变化，捉摸不定，同样的用户在不同场景下，或者在不同的人生阶段的需求完全不同；另一方面，用户说出来的话跟实际行动之间经常存在差距，如果用户回答无法有效反映用户行为的话，研究的意义便不复存在。

下面看两个生活案例，以便更直观地理解：一个声称不会买1500元以上手机的用户，可能会在商家的引导下买一部2000元的手机。一个平时说自己不信中医的人，突然得了重病，如果他听到有人说中医治疗效果很不错，他很有可能会去尝试一下中医治疗。调研过程中也有类似案例：在索尼调研用户喜欢什么颜色的随身听的访谈中，消费者一开始都表示他们喜欢黄色的，但是当调研完，让他们免费拿一个回家时，大部分人选择了黑色，消费者的回答和行为之间出现了强烈反差。

前面说的只是用户"自知"的难，我们做用户研究，目的就是要"知人""知用户"，这就难上加难，对研究人员的要求也非常高。既然用户很难做到"自知"，用户研究人员又如何基于用户的反馈了解他们呢？我们的研究结论在多大程度上是可靠的？这是用户研究难以捉摸的一面，激励我们不断探索前行，找到更加合理的用户研究方法和思路。

认识到用户研究简单的一面，才能让人人都参与到用户研究中来，当然用户研究并不是目的，真正的目的是提升自己所服务"用户"的体验，提升自己的"产品"竞争力。认识到用户研究难以捉摸的一面，才能对用户研究结果保持批判性态度：任何结论都非 100% 正确，都非毫无瑕疵，都有提升和精进的空间。当然这里不是为了批判而批判，而是为了提升用户研究的水平与境界，找到更合适的研究方法或者思路，从而挖掘真需求、发现真问题。

10.3　其他问题

10.3.1　如何理解用户需求和用户偏好

有一种观点认为，人的需求是不变的。比如贝恩咨询公司就总结出了 30 个用户价值或者需求，如图 10-2 所示。

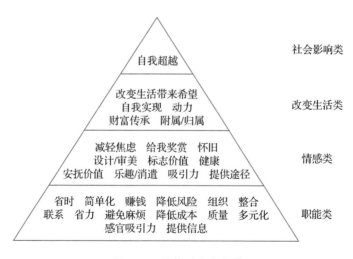

图 10-2　价值要素金字塔

以省力（实际上就是懒）这个用户需求来说，亘古不变，人类发展的历史就是一部不断省力的历史。为了满足这个需求，产品形式一直在演化，原始人使用石器劳作，相比徒手劳作来说省力不少，后面发明了青铜器、铁器，接着发明了轮子（用较少的力气搬运物品），发明了马车、汽车、火车等，人们的劳动越来越省力了。人们对省力的需求驱动着技术改进和产品形式变革，在可见的未来，人们还将用机器人代替人做更多体力活，波士顿机械狗的出现，已经让我们看到了曙光。总之，人的基础需求是不变的，但是商业世界可以通过商品来激发人们的需求，引导人们产生这样的想法：哇，还可以这样？那用上这个产品岂不更_____了？空白划线处对应的是各种用户需求，如省力、省时间、省钱。如果我们的产品能够达到这个效果，产品就成功了。

需求不变，产品随着技术的发展不断演化以更好地满足人类恒久不变的需求。苏杰在《人人都是产品经理 2.0》一书中也说道：我们没办法创造需求，只能创造出用户没有见过的解决方案，从而更好地满足需求。任天堂的发展历程也很好地体现了这一点。任天堂最早是做扑克牌的，后来做积木，最近几十年才做大家所熟知的游戏机，随着时代变迁、技术发展，任天堂一直在进行产品形态的自我革新，但毋庸置疑的是它总是走在潮流的前头。其实从用户需求的角度来讲，任天堂一直在通过产品满足用户的娱乐或者游戏的需求。抓住这一个需求不放，始终用优秀产品来满足，这才是任天堂一百多年经久不衰的关键。

用户的固有需求，也可以帮我们解释很多做产品的逻辑。比如，交互设计中有一条规则就是尽量让用户在少操作和少点击的情况下完成目标，这就是为了让用户省力。同时，从用户需求出发，我们未来仍然有可能创造无限多的产品形态。随便天马行空地举几个例子，之前在访谈用户的时候，有人提到坐地铁来回家里和地铁站的路上费力，在地铁站里换乘也费力，科技能不能解决这个问题呢？下雨天撑伞也是需要用力的，尤其是风比较大的时候，能不能发明一种不用力气就可以撑着的伞呢？也许未来科技发达了，上面的问题都可以解决。

用户需求和用户偏好不同。用户需求是底层的，人类需求基本是趋同的，但是用户偏好是多种多样、丰富多彩的。不同地域、不同时代，人们的偏好完全不同，但这些不同的背后是同样的需求。例如，同样是娱乐需求，老年人会去跳广场舞、打麻将，年轻人则是看直播、玩游戏；同样是健身需求，有人喜欢去健身房锻炼，有人则喜欢去公园里散步、跑步；同样是追求美，某些时代人们喜欢"环肥"型，某些时代人们则喜欢"燕瘦"型；同样是追求美味可口的餐饮，但是广东人偏爱"新鲜、原汁原味"，四川湖南人偏爱"辣、重油、麻"，还有一些人则觉得"咸"的东西才有味道。

由此可见，在同样的需求驱动下，人们的偏好可能完全不同，甚至相反。所以，我们分开看待人的需求和偏好。一款成功的产品就是在用户"需求"的牵引下，恰当把握用户的"偏好"。也就是说，如果你的产品抓住了用户需求，但是用户却不一定偏好你的产品，这样的产品同样不会成功。

实际上，对用户偏好的研究要复杂得多，人毕竟是社会性、文化性动物。用户偏好，是基于用户过去所有经历的总和而形成的，这其中包含了太多因素。产品本身的价值当然是影响用户偏好的重要因素，但是诸如个人成长环境、时代潮流、家庭和学校教育、同伴朋友、生活态度价值观、经济社会地位、人生阅历等因素也都会影响个人对产品的偏好。有的时候产品的价值还不如这些外在因素重要。所以要研究用户对产品的偏好，离不开研究偏好背后的种种因素。

10.3.2　用户研究介入的时机是怎样的

用户研究最大的价值是及早发现问题和痛点，发现机会点。对于问题和痛点，越在后期发现，纠正和改善的代价就越大，特别是硬件产品，问题只能等生产下一款设备时才能进行纠正和改善。像可用性测试之类的测试，越早介入越好，在只有一个原型甚至草图的时候就可以开展测试了。对于机会点，早发现就意味着创新，尽快将自己和众多竞争品牌区分开来。

所以，研究的很重要的价值在于"早发现""在产品上市前发现问题并改进"。这是一种主动向用户学习的方式。相反地，有的公司采取被动学习方式，在产品上市前不做任何研究，等上市后再根据消费者反馈改善后续产品。这样无疑慢了很多，有的初创公司甚至无法坚持到下一代产品问世就消耗完了所有的财力。

10.3.3　如何更全面地理解用户研究结论

查理·芒格说过这样一句话：你只有知道一个知识什么时候失效，你才配拥有它。在调研中也一样，当不知道数据是怎么来的、不了解数据口径时，你同样不配拥有这个结论。用户研究的结论有着严格的时效和情景的限制，也就是说，该结论只在某个时间段内、某个场景下、某些人群中是有效的，而不是泛泛地说研究结论有效，这也是最容易让其他人误解的地方。

首先，作为研究者，需要告诉读者研究是怎么做的，包括样本的获取方式、样本构成、项目执行时间等内容。这些内容看似跟用户调研结论关系不大，实际上却是与它息息相关的。就以样本构成为例来说，如果我们对某款 App 的活跃用户进行调研，可能会发现有的用户对产品的痛点相对包容，反馈的问题较少。但是这个结论并不能适用于全体 App 用户，而是只适用于活跃用户。如果我们针对不活跃用户进行调研，即使问同样的问题，结论可能会完全不一样。所以要注意明确研究结论的适用范围。我们只有对研究背景信息做出充分的展示和说明，才能尽量减少对读者的误导。

其次，研究结论不仅需要让用户研究人员理解，也需要让听众充分理解，这样才能避免数据和结论的误用。之前在工作中，我也遇到过业务方错误使用结论的情况。在这方面，暂时还没有很好的解决办法。我们只能加强报告撰写的规范性，写明调研方法、统计口径等，同时，最好当面给业务方做报告讲解，遇到误用的情况时及时沟通，及时纠正。

导演李安在一次访谈中说道："拍电影需要留白，留下一些想象力，力气不要只是导演出，观众也要分担一半。"这句话的意思是观众也是需要思考的。调研报告也是，作为报告的读者，也需要分担一份力，看报告的时候保持思考，这样才能用好调研报告。

10.3.4　对于企业来说用户研究意味着什么

用户研究很像业务的护栏，业务是走在两条护栏围成的栈道上。这里要避免两种极端：一种是没有护栏，业务随意走动，这样很容易掉坑里；另一种是业务扶着护栏走，走任何一步都要以用户研究作为辅助，这样意味着业务只关注用户，没有自己的方向，也迟早会出问题。正确的做法就是业务在看到两边护栏的同时阔步向前，既要通过用户研究框定大致的安全界限，也要超越用户研究，规划出自己的行走路径。

对于企业来说，用户研究既是一种能力，更是一种意识。大多数企业会倾向于认为研究是一种能力，但是很少有企业把它当作一种意识。只有用户研究能力，没有用户研究意识，其实很难发挥作用。用户研究意识，就是每一个岗位人员做任何事情时都要考虑用户如何看待我们的产品。前面也提到过，用户研究不只是用户研究人员的事情，而是整个公司人人都要做的事情。所以公司内部有一个显性的用户研究组织和团队，有时候反而会起反作用，因为大家在遇到问题时，会习惯直接将问题丢给这个组织去做，既不思考，也不参与。这是一种不好的倾向。比做研究更重要的是做用户研究的意识。

10.3.5　小的初创公司如何做用户研究

很多创业者在成立公司的时候都坚信自己的产品有市场，当然如果没有这种信念的话，他也没有动力去创办一家公司。但是愿望归愿望，现实归现实，如何才能真正让公司的信念变成现实？只有经过多轮验证才能使想法站住脚，没有经过验证的产品或者想法都只是公司的一厢情愿而已，正所谓"方向不对，努力白费"，这也是很多中小公司无法持久生存的重要原因之一。Laura Klein 在 *UX for lean startups* 一书中提到初创公司的产品的成功必须要经历三轮验证：验证想法，验证市场，验证产品。我认为这是很好的思路。

1）验证想法：用户为什么要购买你的产品或者使用你的服务呢？一般是因为用户遇到了一些问题（也称作痛点），需要用产品和服务去解决，这就是企业需要抓住的机会点。用户遇到的问题够不够大？是不是足够让用户行动起来购买或者使用你的产品？这也是首先要明确的。360 总裁周鸿祎也提出了极致产品的三个关键词：高频、刚需、痛点。这也可以作为我们衡量用户是否有足够动力购买产品或者服务的关键所在。当然，有的时候用户并不明确自己的问题，比如电子邮件出现之前，人们使用电话、书信、传真等也能够很好地沟通，并没感受到明显的"问题"，而这时候，如果你是电子邮件的发明者，可能要思考的问题是：你的产品是否可以唤起用户弃用之前产品而改用电子邮件的意识？当用户看到你的产品，决定抛弃之前的产品的时候，就是一个成功的想法。

2）验证市场：你的产品的目标用户是谁？不要太泛，要具体。例如，不要说你的产品是为"医生""女性"打造的，应该用更加具体的方式："没有时间和精力照顾婴幼儿的职场妈妈"或者"一天到晚接诊的疲惫医生"。不要觉得这样会导致产品的市场太小，先保证产品有市场，以后可以逐渐扩大产品的受众群体。

3）验证产品：用户为什么要购买你的产品？即使用户愿意

购买产品来解决问题，但是他们不一定会购买你的产品。验证产品的流程贯穿于产品开发的整个流程，例如原型测试、产品概念测试、可用性测试等，要确保每个流程都经受住用户的"测试"，发现问题，及时整改修正，避免产品上市后出现重大风险。

前两个验证保证了有痛点、有用户，表明你并不是靠一个天马行空的想法去做产品，这是产品能够存在的前提，是需要首先验证的。后面的验证保证了我们推出的这个产品是有竞争力的，是符合用户偏好的。只有经过这三轮验证，产品才更有把握成功。

10.3.6　研究团队解散了是否意味着用户研究不重要

我们确实观察到有的公司的用户研究团队解散、重组，甚至逐渐消失等现象，这本质上是这样一个问题：用户研究能力和用户研究团队哪个更重要？

虽然用户研究团队看上去是解散了，但是这并不意味着不需要用户研究能力。相反，用户研究能力已经沉淀为基础能力。没有了用户研究团队，而用户研究能力必不可少，这就对其他团队成员提出了更高的要求：人人都需要掌握一些基本的用户研究方法。就像街头巷尾的照相馆正在以肉眼可见的速度变得越来越少，不是因为人们没有拍照需求了，而是因为随着数码相机、智能手机的普及，人们自己就能拍出不错的照片。换句话说，拍照的需求大大增加，照相馆作为一种实体的门店逐渐变少，同时拍摄照片的能力变成了每个人的基本技能。我们能够看到大量教普通人使用手机拍照的课程、书籍、视频。而几十年前，普通人不需要掌握这个技能，如果他有照相需求会直接去照相馆。当一种能力下沉为人人都具备、人人都学习的技能时，这是对这种能力背后价值的巨大认可。

所以，用户研究能力比用户研究团队更重要，当一家公司的用户研究团队被解散，剩余的所有人都还具备用户研究的意识和能力时，我认为这并不意味着用户研究不重要，它可能已经变成每个人都拥有的基本技能。当然这绝不是鼓励公司解散用户研究团队，一些较为复杂的、跨团队的或者公司级项目还需要专职用户研究团队来执行。

10.3.7　如何基于用户研究进行创新

创新的源泉有很多，技术变革、社会变迁都能带来创新。但是，从用户角度出发的创新才具有生命力，因为不管什么样的创新，只有用户有需求，它才能够落地生根、发展壮大。

创新的方式有很多，这里仅介绍几个对我影响比较大的思路和方法。

1. 用户目标达成理论

用户目标达成（Jobs To Be Done，JTBD）理论指导我们通过寻找用户的目标或者任务，发现新机会点。这种理论的前提假设是：产品是帮助用户完成任务或者目标的手段，当产品可以帮助用户完成任务或者目标时，用户就会使用或者购买产品，反之则不会使用或者购买产品。所以始终围绕用户的目标和任务进行创新才能永远留住用户。这看上去像是常识，但是践行起来却非常难，因为我们在实践过程中有太多自己的业务视角，业务人员关注的更多是产品的功能、规格等指标，但是这并不是用户在意的事情，用户只是通过使用你的产品完成他的目标和任务而已。实际上，如果我们再往深处提炼一层的话，用户目标就是通过使用或拥有产品让用户成为更好的自己，好的产品让用户为"自己"尖叫，而不仅是为"产品"尖叫。用户说的"产品棒极了""公司棒极了"都不如"我自己棒极了"。后面这句话的潜台词是，用了我们的产品后，用户感觉自己棒极了。当用户这么想问题的时候，他自然会自己说服自己购买或者使用产品。

所以，我们的产品要帮助用户实现什么目标或者要让用户成为什么样子，把用户带向何处，用户使用了产品之后有什么不一样，在我看来都是更高层次的思考。Kathy Sierra 的《用户思维 +：好产品让用户为自己尖叫》正是讲述了这样一种理念。当我们站在这样的高度做产品的时候，就会进入一种新的境界。"奇葩说"的辩论高手黄执中在介绍他自己的课程时，常说这样一句话："我的每一堂课都让你感觉一个半小时之后的你跟一个半小时之前的你不一样。"这是他的课程给用户带来的改变。但是，相比之下，大部分人、大部分公司的出发点都是为了让自己好：我怎样才能抢占更多市场份额？怎样才能留住用户？怎样才能让我的财务报表更好看？两种思维，两种出发点，高下立判。

当我们不围绕用户目标进行创新时，公司可能会逐渐脱离用户，失去竞争力。在《创新者的任务》一书中，作者举了美国铁路衰落的案例：

（美国）铁路行业的衰退并不是因为客运和货运的需求下滑

了，事实上，客运和货运的需求都增加了，只是汽车、卡车、飞机和电话把乘客想要完成的任务处理得更好了。铁路公司陷入困境是因为"它们认为自己属于铁路业，而不是运输业"。换句话说，铁路公司用产品来定义它们所在的市场，而不是用乘客想要完成的任务来定义市场。它们组织、监测、评测自己的方式，仿佛是在卖钻头，而不是帮助用户钻孔。

围绕用户目标或者任务思考问题，有什么优点呢？相比从自身业务视角（例如，我们在做汽车业务）去看用户，当从用户目标和任务（例如，我们在做个人出行业务）的视角去观察问题时，我们可以发现自己的视野变得很宽，突破了自我设定的很多边界。而这种宽泛的视野正是突破性创新的来源。当然，从自身业务的视角出发也可以带来很多价值，例如提升运营效率，增强产品性能，但是却很容易被视线之外的、更具创新性的企业颠覆。所谓"打败诺基亚的，不是另外一家诺基亚，而是像苹果这样的智能机"，我们可以预见未来能够打败苹果的也肯定不是另外一个苹果。这种来自其他行业的颠覆，在国内也实实在在发生着，比如这些年方便面的市场在萎缩，主要受到外卖平台的挤压，当人们可以在家里点外卖的时候，方便面的重要性就降低了，如果你经营着一家方便面公司，只盯着方便面的竞争对手的话，就很容易忽视外卖对整个行业的潜在威胁，最终不是一家方便面公司打败了另一家方便面公司，而是方便面行业整体被外卖行业打败了。所以，从用户的目标和任务出发看待事物和问题，视野会更宽阔。表 10-2 展示了从两种思路出发，针对汽车行业的思考。

表 10-2　我们在做一个什么业务？——两种思路

	我们在做一个汽车业务	我们在做个人出行业务
视角	产品视角	用户任务/目标视角
竞争者	汽车制造商	汽车制造商，移动打车服务（像 Uber 等），汽车租赁服务，自行车制造商，远程会议，家庭快递服务
如何竞争	制造性能更强、功能更多的汽车	用新奇的手段服务于用户目标或者任务——在核心业务（如汽车电气化）或者新业务线（如共享单车）上进行创新
市场规模	用户汽车的总销量衡量（小汽车、SUV、卡车等）	不仅衡量汽车销量，也衡量其他与"用户出行"相关的产业和市场（如打车平台、自行车、车上的娱乐功能）——任何用户从 A 地迁移到 B 地过程中的需求和目标都要考虑
创新杠杆	推动支持性能更好、功能更丰富的技术变革	产品创新，商业模式创新，如新产品或者服务、新用户体验、新商业模式
担心的趋势	对 SUV 的偏好增强 电动车趋势 驾驶助手系统的崛起 自动驾驶技术 用户对连接性更加关注 新渠道模式	所有与产品相关的趋势 个人出行服务需求（如小轮摩托车）的增长 远程视频会议使用增加 无人机派送服务的进步 非传统竞争（如 Google）对手的动作

资料来源：哈佛商业评论网站。

　　既然用户目标和任务如此重要，我们应该如何发掘用户目标和任务呢？在《创新者的任务》一书中，作者讲述了 5 种方法。在理解作者原意的基础上，我结合自己的思考和实践经验对这 5 种方法做了详细的解释。

1）从用户生活中寻找：生活永远是取之不尽、用之不竭的创新源泉。作者在书中举了一个例子，可汗学院（一个在线免费授课平台）当初就是因为创始人身在美国，但是需要远程教自己在印度的表妹学习数学，开始制作一系列的视频上传到视频平台，而逐渐发展起来的。

2）从"尚未消费或者使用"的用户中寻找：不管是我们平时的调研，还是很多公司所掌握的海量"后台数据"，都主要关注购买或者使用了产品的用户，但是那些没有购买或者使用产品的用户同样值得关注。只关注自己的用户会产生所谓的"幸存者偏差"，让我们产生片面的认识，这一点在 8.1 节中已经说得比较充分。所以，在进行用户调研时，要覆盖到"尚未消费或者购买"的用户，特别是那些曾经考虑但最终没有购买或者使用我们的产品的用户。

3）找出暂时的变通办法：如果我们发现用户在用变通的办法完成一件事情的时候，那这种变通办法可能就是机会点。例如我们要快速记录一张海报上的电话号码时，会先拍下来。后面拨号的时候，要对着照片在拨号盘里输入电话号码才可以外拨，可能要来来回回两三次才能确认号码并拨出去，这就是一种典型的"暂时变通办法"。能不能直接在图片上点击电话号码拨出去呢？这就是产品创新的一个机会点。2021 年苹果更新了 iOS 15，支持用户直接在图片上点击号码拨打电话的操作。

4）关注用户不想做的事情：不想做的事情是用户的"负面用户目标"，这里面也蕴藏着巨大的机会点。例如，我们和别人传文件的时候不想用 U 盘倒来倒去，QQ 就做了大文件传输功能，视频、文件等都可以通过 QQ 快速传递。十几年前，我们不想出门吃饭，只好在家吃泡面，后来通过美团外卖、饿了么等订餐App可以实现送餐上门。还有很多用户不想做但不得不做的事情，比如，我曾经访谈过一个用户，他说从家门口走到地铁站，以及在地铁站里面换乘时走太多路了，不想走，这是不是也会成为一个机会点呢？

5）找出产品的不同寻常的用法：用户对产品的不同用法可以为我们丰富产品的使用场景、提升产品承载能力提供灵感。例如，2021年7月，一场罕见的暴雨袭击河南郑州，很多人处于危险之中，如何才能让救援人员知道他们身在何处以及需要什么援助呢？这时候有人想到了"腾讯文档"这样的在线工具，每个身处危险中的人都可以在这个文档上报告自己的地点、联系方式、需要何种援助等，后面可提供救援的场所也纷纷在这个文档上发布信息，如哪些地方可以给有需要的人提供避难场所，可以给手机充电等，再往后医疗人员也在文档上告诉人们注意事项。这个文档不断自我迭代，从最开始的一个需求表格，短短24小时，成为一个"多用途"的民间抗灾资源对接平台。实际上腾讯文档在做这个产品的时候也没有想到会有这样的使用场景，以至于其间还出现了可编辑文档的人数达到上限，其他人无法编辑的问题。腾讯在了解情况后，紧急扩容，快速解决了问题。原来，用户在紧急情况下要实现陌生人之间协作互助、信息流转、资源对接这样的需求，也可以通过腾讯文档来满足。这是一种不同寻常的用法，也为产品的发展带来了新机会、新场景。

这5种方法，我认为更多是一些思考问题的方法，但是有的是可以落实到我们日常调研中的，例如调研时要调研没有购买和使用产品的用户，调研中围绕用户的生活习惯和痛点进行发问，而有的则需要我们在平时多观察、多思考，例如找出产品的不同寻常的用法，很多时候是在一些极端或者突发情况下发生的，有时候难以通过调研发现。

当我们发现了用户目标之后，如何将其定义清楚呢？用户目标首先是用户视角的，而不包含技术或者解决方案。用户目标中包含明确的用户动作和必要的背景信息。我们可以这样表述用户目标：动词＋对象＋背景条件，如表 10-3 所示。

表 10-3　用户目标举例

用户目标	动词	对象	背景条件
跑步时听音乐	听	音乐	跑步时
在家里准备一桌大餐	准备	一桌大餐	在家里
寻找一件合适的衣服去面试	寻找	合适的衣服	去面试

需要指出的是，多数情况下，用户目标都是功能层面的目标，但是也会衍生出用户情感和社会层面的目标。人毕竟是情感性、社会性和文化性动物，所以这类目标同样需要我们重视。例如，在家里准备一桌大餐，乍一看是做大餐这样一种功能需求，但是实际上也有情感或者社会需求：如为了请朋友过来聚餐叙旧联络感情，或者让家人品尝更丰富的菜肴以提升生活幸福感。跑步听音乐也不仅仅是一个功能需求，也有消遣放松、不想被别人打扰等这样的情感和社会层面的需求。

有些品牌始终搞不清楚自己的产品、技术明明都还不错，并不比行业标杆差，为什么就是无法赢得用户。其实如果我们从用户情感和社会层面这个维度来考虑可能会茅塞顿开，找到一些容易忽略的细节和问题。例如你的产品是不是太小众？会不会用户对你的产品的信赖感还没有建立起来？

实际上用户购买某些产品，主要就是为了实现自己的情感目标。前些年很多用户一窝蜂去购买苹果手机，包括最近几年有些人购买华为的高端手机，他们也是在追求一种社会身份感和认同感。有的时候，用户需要通过物品来界定自己的身份、形象和风格，所谓"我是我所拥有的"。这是一种更深层次的用户目标——帮助用户界定"自我"。而且一旦用户从情感上喜欢某个品牌或者产品，就会包容产品存在的一些不完美。所以我们不能忽视情感和社会层面的目标，而仅仅关注产品的功能目标。

当然围绕用户目标进行产品研发是一套流程性的系统工程，包括发现用户目标、定义价值、价值传递等流程，这里不做一一介绍，详细可以参考 *The Jobs To Be Done Playbook* 这本书，不过目前还没有中文版。

2. 其他创新理论与思维方式

除了上面提到的 JTBD 理论，还有众多其他的创新理论与思维方式，例如 frog 设计咨询公司的卢克·威廉姆斯提出的一种新的颠覆性创新方法与思维方式。它并不是教我们做渐进式的微创新，而是告诉我们如何进行颠覆性的、革命性的创新。这种方法一共分为五步。

第一步：提出颠覆性假设。提出颠覆性假设主要是为了转变自己或者业界的固有思维，突破惯性思维局限，让思维"转弯"或者"逆行"。首先我们需要找出行业的陈规旧律，然后通过提出若干个"如果……那会怎么样？"这样的问题，以激发我们的颠覆性思维。例如袜子一直都是成双成对卖的，这就是找出的陈规旧律。我们可以问这样一个假设："如果袜子不成对卖，那会怎么样？"在这一阶段，不要怕假设不理性、不靠谱，是错误的，或者太大胆。只有这样才能有颠覆性的创新思维。

第二步：发现颠覆性商机。这一步需要进行用户研究，通过观察、访谈等形式洞察消费者，把我们的调研结论和上一步的假设进行配对，找到最佳组合，将假设变成商机。最后使用这样的方式描述商机：为"谁"提供了"何种优势产品"，从而"解决了什么矛盾或者问题"。例如，还以上面的袜子为例来说，研究人员调研发现8~12岁的女孩将自己定位在孩子和成人之间，她们虽然认为自己已经成熟了，但是也不介意别人把她们当作孩子。再看袜子市场，目前市场上有成人袜和儿童袜，却没有介于两者之间的。所以，再结合我们第一步的假设，如果不是成对卖给她们袜子，而是三只一起卖，那会怎样？让这个年龄段的女孩穿着不同样式的两只袜子，对她们来说是一种自我表达的方式。这里套用商机描述的模板就是：为"8~12岁的女孩"提供了"有趣的个性化袜子"，从而"帮助她们更好地表达自我"。

第三步：形成颠覆性创意。将商机转变为最有可能成功的创意。对创意命名，描述创意的重要性，将创意通过视觉化变得可见、具体。

第四步：设计颠覆性市场方案。这部分也需要进行用户调研，通过获取用户的反馈，将创意最终变成一个可行的市场方案，然后制作样品。

第五步：演示方案。为市场方案制定 9 页 PPT，并进行演示。对前述步骤的主要内容和结果进行陈述。

上面这套方法更多是教我们形成一种打破常规的思维方式，让我们不要一直按照惯性、存在多年的行业规则去思考，而是要思考：如果没有这些规则，产品和服务应该是什么样的？通过这样的思维方式，再经过一系列调研和思考方法，从而带来变革。

还有一些其他的创新方法，如用来指导发明创造的 TRIZ 理论，卡耐基梅隆大学的 Jonathan Cagen 和 Craig Vogel 提出的创造突破性产品的方法。每种理论和方法都有很多可取之处，可以帮我们带来新的视野。如果对上述创新方法感兴趣，可以阅读以下书籍：《创新算法》《创新思维与方法：TRIZ 的理论与应用》《创造突破性产品》。

10.3.8　如何利用 AI 工具提升研究效率和质量

像 ChatGPT 这样的 AI 工具，如果使用得当，可以帮助用户研究做很多事情，建议大家都要学会利用这些工具来提升研究的效率和质量。AI 工具在持续快速进化中，当前我觉得 ChatGPT 至少能同时充当助手、顾问、执行者等角色。

作为一个助手，ChatGPT 可以帮我们收集原始桌面素材、编制初版问卷、润色访谈提纲。当然在实际使用过程中，ChatGPT 给出的答案并不完美，但是我们可以在此基础上进行修改、完善和调整。我们还可以同时使用 ChatGPT 和 MindShow 帮我们写 PPT。

作为一个顾问，它可以帮助我们生成数据分析的 SPSS 代码，或者当我们在工作中遇到卡点时，如不知道如何做调研方案，不知道如何更好地分析数据，可以跟它讨论，让它帮忙出谋划策。有时候针对我们想不到的一些研究角度，它是可以给我们启发的。

作为一个项目执行者，ChatGPT 可以帮助我们进行文字访谈。例如我们可以把访谈提纲给到 ChatGPT，规定好访谈时间和必问的问题，同时告诉它有哪些注意事项。然后 ChatGPT 就可以跟被访者进行一问一答的交流，完成之后还可以总结被访者的观点。

当然，AI 工具能够给出什么样的答案，取决于我们问问题的水平。我的感受是问题越具体越好，最好在问题中能把背景、目的、情境、要注意的问题都交代清楚。例如，当我们请求 ChatGPT 帮我们编写访谈提纲并进行文字访谈的时候，可以这样告诉它：

假设你是一个用户研究人员，要对用户进行一对一访谈。你现在需要了解用户在购买、使用华为手机时的特点和习惯，目标是为下一代产品规划提供输入和洞察。请你先帮忙设计一份访谈提纲，然后我们一起把访谈提纲调整好。之后你作为访谈人员，我作为普通用户，我们两个采用一问一答的形式完成访谈。可以完成吗？

这时 ChatGPT 会先给出一个访谈提纲初稿，当然，如果它设计的初稿不够好，那么我们可以持续跟它沟通，让它完善，提要求，比如告诉它访谈提纲中还缺什么、哪里需要优化，直到满意为止。

访谈提纲调整好之后，可以这样跟它沟通，让它充当访谈员进行访谈：

现在你充当访谈员角色，请用以上访谈提纲对我（我是用户）进行一问一答的访谈，如果发现有需要深挖的地方或者不清楚的地方，请注意适时进行追问。问问题的态度要尽量好，不要让用户感觉在被逼问。访谈时间十分钟左右即可，如果你觉得访谈可以结束了，请告诉用户：本次访谈到此结束，感谢您的参与。

访谈完了之后，还可以请 ChatGPT 帮忙总结用户观点，生成访谈小结，基于实际访谈情况调整、优化访谈提纲，继续后面的访谈。

总之，ChatGPT 对用户研究来说是一种很好的生产力工具，在用户研究的每一个环节都能帮助到我们。

推荐阅读